JN232896

おはなし科学・技術シリーズ

アモルファス金属のおはなし
[改訂版]

増本 健 著

日本規格協会

まえがき

テレビのコマーシャルで，時々「アモルファス」という言葉を耳にしませんか。最近は身近な電気製品の素材としていろいろ使われているのです。

「アモルファス」。この聞き慣れない言葉の意味は，結晶（クリスタル）の反義語で，非結晶ということです。結晶とは，物質を構成する原子の配列が，規則的に秩序正しく並んでいる構造です。これに対し，非結晶とは，この原子の配列が規則的ではなく，乱れた構造をしているのです。

これまでの工業材料は，大部分が結晶状態のものですが，実は，アモルファス状態の材料も古くから知られています。例えば，古代より人類に使用されているガラスがそうですし，ポリマーや植物・生命組織にもアモルファス構造が多いのです。

本来，アモルファスは，熱的に不安定な状態であり，金属にあっては必ず安定な結晶になってしまうと思われていました。しかし，1940年ごろから，めっき膜や蒸着膜のような特殊な状態でアモルファスが実現することがわかってきました。特に，1960年に一部の貴金属合金を液体から急速に冷却すると，アモルファスが容易に得られることが見い出されてから，研究者の注目を集めました。筆者は，その特殊な原子構造からは結晶とは著しく異なる性質が必ず現れるに違いないと予想しました。

当時のアモルファス金属は，非常に小さな不定形状態でしか

つくれなかったために,「奇妙な金属」と呼ばれていました。そこで筆者は,その性質を正確に測定できるテープをつくることから研究を始めましたが,1969年,遂にテープをつくることに成功しました。そして,その強さや硬さを測定した結果,アモルファス金属が高強度材料であり,しかも,大きな変形が起きることを初めて発見しました。その後,軟磁性・超耐食性・高磁わい性(1974年),触媒能・超伝導性(1979年)などの優れた特性を発見することができたのです。

 一方,現在,世界各国で使用されている,アモルファス金属の製法として,薄帯をつくる単ロール法,細線をつくる回転液中紡糸法,粉末をつくる高圧アトマイズ法を開発してきました。筆者が1969年に研究を始めた当時は,今日のように実用材料として日の目を見るとは思いもよりませんでしたが,今や新素材の一つとして多方面で使われています。

 ごく最近では,バルクアモルファス合金(別名金属ガラス)や微結晶分散アモルファス合金,アモルファス相を結晶化して得られるナノ結晶合金が開発され,一層発展しつつあります。

 このように,アモルファス金属は,筆者にとって「丹念に育てあげた大事な子供のようなもの」と言えます。本書は,アモルファスとは何かを知っていただくための,わかりやすい解説書として,執筆をお受けしましたが,いざ書いてみると,思う

ように書けないものです。結局は編集者の力も借りるはめになってしまいましたが，何とか出版にこぎつけることができました。

　夢の新素材と言われていたアモルファス金属が，現実に実用材料として，応用展開が進んでいる今日，「アモルファス時代の幕開け」と言えるかもしれません。

2003年1月

増本　健

目　　次

Part 1　金属の新しい波

アモルファスとは　　*11*
アモルファス金属の発見　　*14*
アモルファス金属の陰の主役「熱」　　*17*
アモルファス金属研究の曙　　*20*
アモルファス金属の工業化　　*23*

Part 2　アモルファス金属をつくる

アモルファスをつくる　　*29*
アモルファスになる金属の仲間たち　　*32*
アモルファス金属のテープ　　*35*
アモルファス金属の細い線　　*38*
アモルファス金属の粉末　　*40*
アモルファス金属の薄い膜　　*44*
金属の結晶を原料にして　　*47*
どのような材料のどのような表面にも　　*48*
同じ板や線をつくるにも…　　*50*
大型アモルファス金属の出現　　*51*

Part 3　金属の常識を超えた世界

強さと粘さの常識を超える　　55
驚異の耐食性能　　60
優れた磁気的性質　　64
まだある優れた性質　　67

Part 4　アモルファス金属の秘密

元素を均一に混ぜ合わせる　　71
元素の特徴を引き出す　　74
秘密の鍵「電子の振舞い」　　77

Part 5　アモルファス金属の独壇場

磁性材料としての優れた総合能力　　81
電気をロスしない省エネの強い味方　　85
電子部品やセンサなどの有望株　　90
理想的な強度材料　　96
金属が水素を吸う　　99
錆を忘れた金属　　101

ガラスのような金属―金属ガラス　　*104*
CDがこれから面白くなる　　*108*
注目されるエネルギーシステム　　*110*
限りない応用分野　　*112*
技術の進歩がもたらす可能性　　*114*

索　引　　*115*

Part 1
金属の新しい波

アモルファスとは

　金属材料と言われているものには、いろいろな種類があります。橋梁やビルなどの構造物に使われる「鉄」。建物の窓枠・ベランダに使われるアルミニウムやステンレス鋼。そして、私たちはこれらの金属に対して様々なイメージと常識をもっています。

　しかし、従来の常識では考えられないような金属が、今、注目されています。

　アモルファス金属がそれです。

　金属を含めて多くの物質は、原子がある一定の規則にそって配列され、結晶（クリスタル）と呼ばれる構造になっています。この結晶が、あらゆる物質の形や性質を支配しているのです。

　ところが、このアモルファス金属は、かなり様子が違います。物質を構成する肝心な原子が不規則に配列されているのです。このことをアモルファスとか非晶質と呼んでいます。

　アモルファス。この聞き慣れない言葉から、皆さんは全く新しい物質ではなかろうか、と思われることでしょう。しかし、そうではないのです。古代から人類が使ってきているガラスが実はそうですし、ポリマーもまたそうなのです。そして、私たちの体を構成している生体の組織もアモルファスが非常に多いのです。

　そういう意味では、アモルファス物質というのは、そもそも

特殊な物質ではないのです。しかし，なぜアモルファス金属が今，注目されているのでしょうか。

これまで，金属は，非常にアモルファスになりにくい物質で，一般の常識として金属というと結晶であると決めつけられていました。ところが，金属でもアモルファスを実際につくり出すことができ，しかも，従来の金属では考えられないような数々の優れた性質を有していることがわかったからなのです。

では，なぜ，結晶ではなくいわば「原子がバラバラの状態」だと，新しい性質に生まれ変わるのでしょうか。

このことは，後でお話しすることにして，まずはアモルファスの構造を図で示してみましょう。皆さんも既におわかりのように，物質を構成する原子の配列は三次元であるわけですが，ここでは二次元図として結晶の状態とともに示してみます。

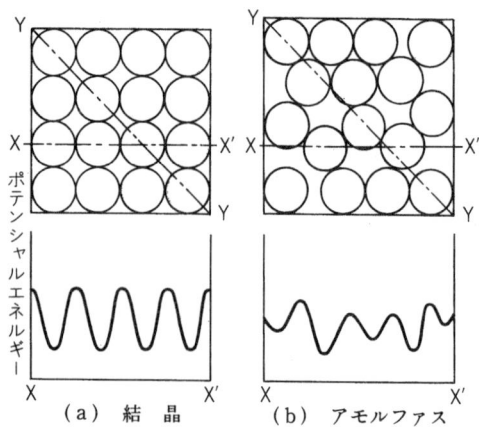

(a) 結晶　(b) アモルファス

結晶の場合は，原子が整然と並んでいるのに対し，アモルファスの場合は，先ほどからお話ししているように無秩序に原子

が分布しています。これこそが，アモルファス金属の秘密を解く鍵でもあるのです。

アモルファス金属の発見

　科学の分野における数々の発見には,「偶然」がよく主役になります。このアモルファス金属も実は偶然に見つかったのです。めっきで金属の膜をつくる方法があるのですが, 1940年頃, ニッケル・リン合金のめっきをしていたときに, その被膜が結晶ではなさそうだという話が既にありました。

　それから, 電子顕微鏡が発達して, 蒸着膜をつくる方法が盛んに行われるようになってきました。蒸着法というのは, 金属を非常に高温加熱して金属の原子を蒸発させ, 冷えたガラスの上などに蒸着させる方法です。この方法でつくったある膜がどうも結晶のような構造を持っていないのではないかと考えられていました。

　ただ, 当時はまだアモルファスであるとまでは考えられませんでした。むしろ, 非常に小さい結晶の集まりではないかと考えられていました。

　ところが, 1960年にカルフォルニア工科大学のポール・デュエイ教授が, 金とシリコンを混ぜて合金にし, それを溶かして非常に速く冷やす実験をしていました。すると, その合金のある組成のところで, 結晶であることを示すX線の回折点が突然に消えてしまうことを発見しました。当時の科学者は「奇妙な金属」と呼んでいました。

　こうして, 溶かした合金を非常に速く冷やしてやると, アモ

アモルファス金属の発見 15

ルファスになるという最初のデータが発表されたのです。

この実験が契機となって、金属でも2種類以上の元素を混ぜ合わせるとアモルファスになることがわかってきました。とくに、元素を混ぜて合金にしたときに、融点がすごく低温に下がってくる、いわゆる共晶反応を起こす組成のところでアモルファスになりやすいことがはっきりしてきたのです。

こうして、共晶反応を起こす合金をいろいろ急冷していくと、意外にも多くの合金でも見つかりました。しかし、この頃に研究された合金は、先ほどの金・シリコンのほか白金・ニッケル・シリコン、パラジウム・シリコンなどの貴金属合金だったのです。

非常に高価な合金ですから、それを実用材料として使うことはできません。ですから当時はまだ「アモルファスの構造はどのようになっているのだろうか」、「アモルファス状態はいかに安定なのだろうか」といった、いわゆる学問的な興味から純物理的な研究が行われていた時期でした。

アモルファス金属の陰の主役「熱」

　アモルファス金属が，高温で溶かした合金を非常に速いスピードで冷やすことによってつくりだすことは，先ほどもお話ししましたが，アモルファスと熱とは切っても切れない深い関係があるのです。ではなぜ，急に冷やすとアモルファス状態をつくりだすことができるのでしょうか。

　そもそも，液体では原子が激しく動き回っており，一種のアモルファス状態にあるわけです。この液体を急速に冷やして原子の運動を凍結すると，液体は結晶にならずに，そのまま冷却（過冷液体）され，液体構造のままで固体になてしまいます。この固体がアモルファスなわけです。

　しかし，従来から金属は急冷しても必ず結晶の固体になると考えられていたため，アモルファス固体を得るのは不可能とされてきました。

　ですから，この急冷も並たいていの速さではありません。ガラスの場合は，例えばシリカガラスなどは1分間に数℃ぐらいのゆっくりした速さで冷やしても，なかなか結晶にならなくて，アモルファス状態を保つのですが，金属の場合は，ゆっくり冷やしていたのではすぐ結晶になってしまいます。

　どの程度に速く冷やすか（冷却速度）というと，貴金属の場合には1秒間に100から10 000℃ぐらいのスピードで冷やします。ところが，後で紹介する鉄，コバルト，ニッケル，銅，ア

急冷

ルミニウムを主成分とする実用的に重要な合金の場合には、もっと速く冷やさねばならず、だいたい1秒間に1万℃から100万℃ぐらいの超スピード冷却が必要です。したがって、アモルファス金属をつくるには量産が難しい技術でもあるのです。

　また、アモルファスというのは、自然界に存在しないもので、人工的につくられたものですから、どうしても安定な状態、いわゆる結晶の状態に変わろうとします（結晶化）。ですから、温度を上げて原子が動ける状態にしてやると結晶に移ろうとするのです。このようなことから、アモルファスが熱に対して弱い性質を持っていることは宿命でもあります。

　もし、これがもっとゆっくり冷やしてもアモルファス相ができるようになると、非常につくりやすくなり、もっと大きい製品がつくれるようになります。

　ごく最近までは、このような合金はないだろうと考えられていましたが、1998年筆者らはZr-Cu-Al-Ni合金やLa-Cu-Ni合金の幾つかの複雑な組成で、一般のガラスと同程度の速度でゆっくり冷やしてもアモルファスが維持されるという特殊な合金を見つけました。この合金を別名「金属ガラス」と呼んでいます。金属ガラスは、これまでのアモルファス金属よりも熱に安定であり、結晶化する前に液体状態が現れる特殊な現象（過冷液体状態）があります。したがって、この過冷液体の温度で色々な加工ができるようになりました。いわゆるガラス細工が金属でもできるようになったことから、小型の精密部品として応用が期待されています。このことについては後でお話しすることにします。

アモルファス金属研究の曙

　アモルファスが見つかった当時は、その数年後にそれまでの金属の常識では考えられないような、優れた特性を秘めていることが明らかになる、など予想もできなかったことでした。

　1960年代の研究で問題だったことは、当時のアモルファス金属をつくる装置ではつくれる合金のサンプルが0.2から0.3gという小さな薄片状のものしか得られなかったことです。直径が4から5mm、厚さが0.02から0.03mmという非常に小さく、きたないサンプルであったために、きちんとした物性を測定することができなかったのでした。

　1969年、この年アモルファス金属の大きな転機となる出来事がありました。筆者は、アモルファスが結晶とどのように違うのかを確かめるには、この物性を正確に測定できる均質な一定形状のサンプルをつくらなければならないという着想を持っていました。

　そこで、まずこのようなサンプルをつくるために、急冷しながらテープ状に合金をつくる装置を作りました。そしてアモルファスのテープを得ることに成功したのです。さっそく、このテープの引張り試験を行いました。引張り試験とは、テープの両端に力を加えて、どの程度の強さがあるのかを測定する実験ですが、その結果、非常に強く、粘いことがわかったのです。このことは、1970年の国際学会で発表し、大きな反響を呼びまし

アモルファス金属研究の曙

た。

　そのときに、もしアモルファス金属が脆ければ、現在のような実用材料にはならなかったのですが、非常に強く粘いことがわかったために、他の特性を調べる研究を続けました。その結果、実用的に大変重要な特性を持った材料であることがわかってきたのです。

　先ほどの引張り試験に使用したものは、パラジウム・シリコンという合金でした。この合金は、やはりポール・デュエイ教授らが見つけたものです。普通のパラジウムの強さは、せいぜい200 MPa程度しかないのですが、パラジウム・シリコンのアモルファス金属では、実に1370 MPaという結晶の約7倍の強度を持っていたのです。

　このデータが契機となって、多くの特性が明らかになり、これが今日のように注目される新材料の一つになったのです。

アモルファス金属の工業化

　ガラスやポリマーのような物質は，アモルファスになりやすいうえ，いったんアモルファスにすると加熱しても結晶になりにくいのですが，アモルファス金属は，加熱するとある温度で直ちに結晶化してしまいます。

　この材料は，もし常温で使用中にどんどん結晶に変化するのであれば，実用材料としては使用できないことになります。しかし，アモルファス金属が実用化できたのは，まさにこの克服によるものでした。

　それは，アモルファス金属にも，高い温度まで結晶化せずにすむ安定な合金組成があることが見つかったことでした。三つ以上の元素の組合せで，熱に比較的安定な合金が存在することがわかったためです。

　ここで，その実用的に重要な特性とは何か，そしてどのようなものが応用分野として考えられているのか，を簡単にお話しすることにしましょう。

　後で詳しく述べることになりますが，アモルファス金属の歴史のなかで，エポックともなった事実を中心に紹介することにします。

　一つは，先にもお話しした強度が既存の金属材料のおよそ10倍も高いということです。このことによって，普通の金属では応じきれない高い強度が要求される分野での使用が可能になり

ます。

　二つ目は，非常に高い耐久性を持ち，ほとんど錆びることのない材料であることです。皆さんもご存じのステンレス鋼は，錆びにくいことで有名ですが，ステンレス鋼が1年もつとすると，アモルファス金属は，実に100万年もつことになります。飛躍的な耐久性の高さの一端を表す例ともいえます。

　ある時間が経過すれば交換が必要な部品などは，アモルファス金属の部品ならば交換する必要がなくなります。また，交換したくても構造上できないような場合などの特殊な要求にも，アモルファス金属は応じられることになります。

　三つ目は，優れた磁気的特性をもっていることです。すなわち，小さい磁場でも磁気を帯びさせることができる性質である透磁率が非常に優れており，しかも硬度や電気抵抗が高いため，より高度な要求に対してはアモルファス金属の独壇場ともいえます。

　以上，アモルファス金属の主要な三つの特性を簡単にお話ししましたが，このほかにも数多くのユニークな特性が見い出されています。そして，薄板，線，粉末などの種々の形状の材料を大量に生産できる製造装置が研究・開発されることと相まって，工業製品としての実用化が進展していくことになります。

アモルファス金属の工業化   25

Part 2
アモルファス金属をつくる

アモルファスをつくる

ここでは、アモルファス金属の実際のつくり方をお話しするまえに、アモルファス物質は、いったいどのようにして生み出すことができるのかについてお話しします。

通常、物質は、気体、液体、固体の三つの状態で存在しています。また、固体には大きく分けるとアモルファスとクリスタルの二つの状態があることは既に説明しました。

一般に、私達が結晶材料をつくる場合は、図中の黒い矢印で示した平衡状態の経路を経るのですが、アモルファスの場合も同様に「気体からつくる方法」、「液体からつくる方法」、「固体からつくる方法」の三つの経路があります。

液体は、そもそも原子構造的にはアモルファス状態にありま

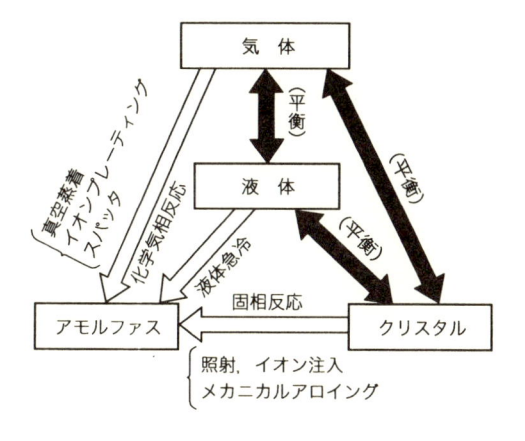

すが，この液体構造のままで凍結させることにより，アモルファスをつくりだします。この方法を液体急冷法と呼んでおり，金属液体から，薄板（薄帯），細線，粉末などの形状をもつ材料をつくることができます。

気体から直接につくる場合は，気体状の原子や分子を基板上に付着させる，真空蒸着法やスパッタ法などがあり，アモルファス金属の膜をつくるのに適した方法でもあります。

結晶固体からつくる場合は，電子や中性子による照射やイオン注入などによって，強制的に表面の原子配列をこわしてアモルファスにする方法と，2種金属間の拡散反応によってアモルファスにする方法があります。

これらの方法によって，いろいろな形状をつくり出すとともに，アモルファス金属特有の性質を実現することができるのです。そして，これらのアモルファスをつくり出す独特な方法は，通常使われている金属材料の製造法と比較して，実は大変意味をもっているのです。このことについては，後でお話しすることにします。

以上，アモルファス状態をつくり出すための基本的な三つの過程を簡単にお話ししましたが，その他溶液によるめっき法も古くから知られています。そして，このような数多くの方法を用いれば，アモルファス金属として可能な合金系が無数にあることも判明してきました。1960年代は，せいぜい10種類しか見つかっていなかったのですが，現在は，実に何千という種類の合金が見つかっています。

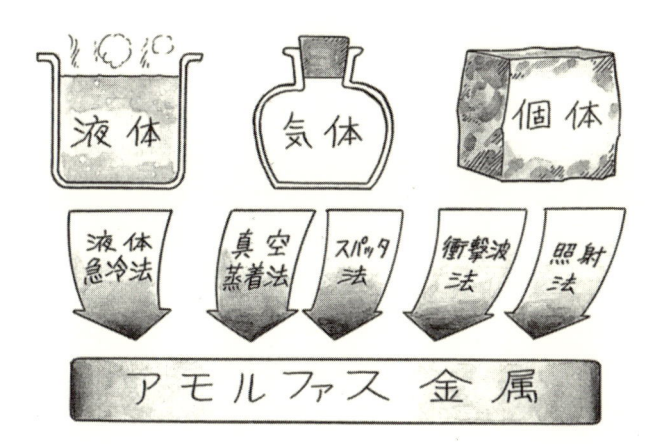

アモルファスをつくる 31

アモルファスになる金属の仲間たち

以上のように，アモルファス金属をつくる方法や技術は年々進歩しており，多彩な形状の材料がつくられるようになっています。

このアモルファス金属をつくる際には，つくる時の冷却条件を正確にコントロールする必要がありますが，さらに重要なことは金属の組成の選択にあります。容易にアモルファス材料をつくるには，アモルファスになりやすい合金組成を見つけなければなりません。

これまでに知られている，アモルファスになりやすい合金組成は無数にあるのですが，とくに重要な合金組成を分類すると

```
                      B=| B  C  N  O  F |
                        | Al Si P  S  Cl|
A=| Sc Ti V Cr Mn Fe Co Ni Cu|Zn|Ga Ge As Se Br|
  | Y  Zr Nb Mo Tc Ru Rh Pd Ag|Cd|In Sn Sb Te I |
  | * Hf Ta W  Re Os Ir Pt Au |Hg Tl Pb Bi Po At|
   * La Ce Pr Nd Pm Sm Eu Gd Tb Dy Ho Er Tm Yb Lu
```
(1) 遷移金属(A)－非金属(B)系

```
A=| Sc Ti | V Cr Mn |Fe Co Ni Cu|=B
  | Y  Zr  Nb|Mo Tc Ru Rh|Pd|Ag
  | * Hf Ta |W  Re Os Ir Pt Au
```
(2) 遷移金属(A)－遷移金属(B)系

```
A=| Mg |                          |Al|=B
  | Ca Sc Ti V Cr Mn Fe Co Ni Cu |Zn Ga|
  | Sr Y Zr Nb Mo Tc Ru Rh Pd Ag Cd In|
```
(3) 典型金属(A)－典型金属(B)系

図のような3種類になります。図は元素の周期表を示しますが,二元系合金の場合には,A元素とB元素の組合せが重要な組成です。この中で,(1)の遷移金属と非金属元素とを組み合わせた合金(例えばNi-P, Fe-B, Co-B, Nb-Siなど)が最も一般的であり,非金属元素を約15〜35原子パーセント含む共晶型合金です。また,(2)の遷移金属どうしの合金(例えばFe-Zr, Co-Zr, Cu-Zrなど)や,(3)の典型金属どうしの合金(例えばMg-Zn, Ca-Al)もアモルファスになりやすい合金です。

これらは二元系合金ですが,さらに三元系以上の合金になりますともっと多くの合金系でアモルファスになりやすくなります。例えば,Fe-Si-B, Fe-Co-Si-B, Fe-P-C, Ni-P-B, Co-Si-B, Nb-Ni-B, Al-Ni-Si, Al-Fe-Siのような遷移金属-半金属系合金, Fe-Co-Gd, Fe-Co-Tb, Fe-Co-Zr, Ni-Nb-Zr, Co-Zr-Ti, Cu-Ni-Zrなどのような遷移金属どうしの合金, Al-Ni-Mn, Al-Fe-Mn, Al-Fe-V, Mg-Cu-Niなどのような典型金属-遷移金属系合金などが知られています。

このような合金の種類は,つくり方によって若干変わってきます。つくり方については次の章でお話ししますが,各つくり方で得られる合金の例を示しましょう。図の合金は液体急冷法あるいはスパッタ法によって得られるものですが,一方,固相反応法によって得られる合金は,主として遷移金属からなる金属間化合物の組成付近にあります。例えば,固体拡散法ではLa-Au, Zr-Ni, Zr-Co, Y-Ni, Hf-Niが,水素吸収法ではYNi_2, $CeNi_2$, $TbNi_2$, $GdFe_2$, $CdCo_2$, $CeFe_2$などのラーベス相がアモルファスになりやすいのです。

これらのアモルファス合金の中で，鉄系合金は高強靱材料として，Fe, Co, Ni系合金は磁性材料として，Fe-Cr系合金は高耐食材料として，Ti, Zr系合金は水素吸蔵材料として，Nb, Mo系合金は超伝導材料として使用されていますし，最近はアルミ系合金が高強度アルミ合金として注目されています。現在，約1200 MPaの強さと，HV500の硬さが見い出され，このアルミ系合金粉末の焼結材がつくられています。これらの値は現在使われているアルミ高力合金であるジュラルミンの5倍以上の驚異的な値なのです。

アモルファス金属のテープ

　アモルファス金属が見つかった当時は，ピストン・アンビル法といって，2枚の冷却した板の間に溶けた金属をはさみ込んで冷やしただけのもので，数100mg程度の小さい薄片しかつくることができませんでした。

　これでは，工業生産に適した方法とはいえません。しかし，筆者が1969年に遠心急冷法という画期的な方法を考案してからは，テープを連続的につくり出すことが可能になりました。

　この遠心急冷法によって，薄帯（テープ）が最初につくられましたが，それは図のようにドラムを高速回転しておいて，そのドラムの内側に非常に細い石英ノズルから液体の金属を連続的に噴き出して，ドラムの内面にくっつけて冷やすという方法でした。

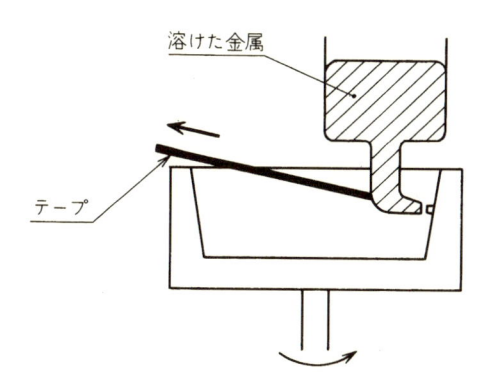

しかし、テープはできますが、あまり幅の広い、長いものはできませんでした。そこで、筆者により考案されたのが、図に示す単ロール法と呼ばれる製法でした。それは、高周波炉により金属・合金を溶かし、それを細い石英ノズルからガス圧により噴出させ、回転する冷却用のロールの表面上に液体を薄く引き伸ばして急冷凝固させる方法です。

この方法の開発によって、連続的に大量にテープをつくることができるようになりました。図はアモルファス金属テープをつくる装置の原理を示しています。

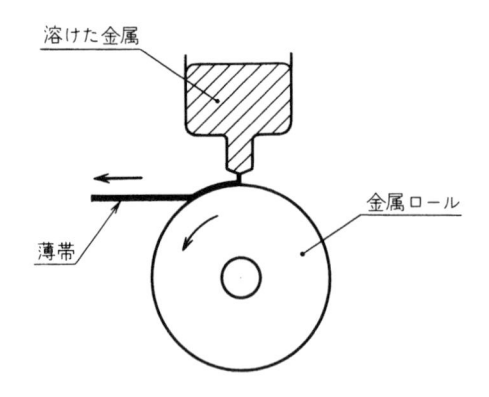

この単ロール法は、幅の広いテープをつくる場合には最も適しており、現在、この方法によって約20cm幅で、厚さ0.1mm程度の薄帯を連続で製造する生産装置が開発されています。一方、双ロール法といって、10mm幅以下の細いテープをつくるのに適している方法もあります。

では、この、液体急冷法の場合、冷却速度はどの程度なので

しょうか。これは、主として冷却用ロールの材質（熱伝導度など）と溶融体の厚さに依存し、溶融体の厚さは、噴出液体量とロールの周速との相互関係によりほぼ決まります。これによって、だいたい毎秒10万℃から100万℃の速度で冷却します。

現在の生産装置では、溶解量1000kgで25cm幅の薄帯を連続的に巻き取ることができます。また、この製造法は、従来の溶解―鋳造―圧延によって板を生産する全工程を一つの装置がやってのける注目すべき新しい製造技術でもあるのです。写真は、この方法でつくったアモルファス金属の薄帯を示しています。

〔日立金属(株)〕

アモルファス金属の細い線

　液体急冷法によって,テープの製造法が考案された後,ワイヤつまり細線の製造が,筆者らによって考案された回転液中紡糸法と呼ばれる方法によって,可能になりました。この方法も液体急冷法の一つですが,丸断面の線を急冷によってつくるには,薄帯(テープ)をつくるように固体接触による方法では不可能であり,液中鋳造による技術が必要になります。

　この原理は,図に示すように高速回転するドラムの内側に水溶液を注入して,水の層を形成させ,その回転する水中に細い石英ノズルから溶融金属ビームを噴出させて連続細線をつくるものです。

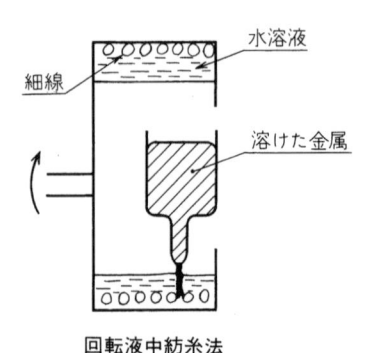

回転液中紡糸法

　また,古くから細線をつくる方法として,ガラス被覆紡糸法と呼ばれる製法があります。それは,ガラス中で溶融した金属

をガラスと一緒に引っ張って紡糸するので，0.01 mm 程度の細線をつくるのに適しています。しかし，被覆したガラスの除去が難しく，つくれる合金系が制限されるなどの欠点があります。

 液中鋳造に使用される蒸留水や食塩水の冷却能力は，せいぜい毎秒1万から10万℃程度で，この方法を用いて鉄系アモルファス金属の細線をつくることは不可能に近いとされていました。しかし，合金の組成を適当に選択すれば，鉄，コバルト，ニッケル系合金でも約0.1から0.15 mm径のアモルファス細線を容易に製造できることが見い出されました。

 このことによって，現在では，約0.02～0.2 mm径の真円に近い断面のアモルファス細線を数万mにわたって連続生産できる装置が登場しています。

アモルファス金属の粉末

アモルファス金属は，粉末の形でもつくることができます。金属粉末製造法と呼ばれる以前から知られている原理を利用して，これまでにいろいろな製法が考案されています。

現在最も多く利用されている大量生産用製法としては，溶融金属に高圧ガスを吹き付けて噴霧状にするガスアトマイズ法と高速の水ジェットをぶつけて溶融金属を細かく分断する水アトマイズ法があり，約0.02〜0.1 mmの球状アモルファス粉末を得ることができます。また，冷却能力を一層高めるためには，図のように下部に銅製の冷却用回転円盤を置き，これにガスアトマイズにより噴霧液体をぶつけて急冷する装置が開発されてい

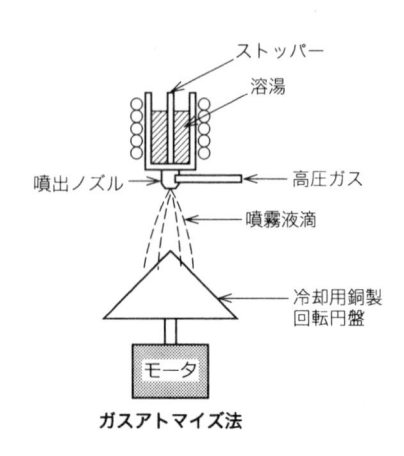

ガスアトマイズ法

ます。この方法では約0.01mm厚さ，約0.1mm径の扁平な円盤状粉末が得られる特徴があり，塗装用顔料などの原料として利用されています。

その他に，キャビテーション法と呼ばれる製法があります。図のように断熱材でつくられた回転する二つのロールのすき間に溶融金属を落下させると，高速回転するロール間に生じる衝撃波によって溶融金属が粒状として飛び出しますが，これを冷却銅盤にぶつけて急冷する方法です。この方法では，木の葉状の粉末が得られる特徴があり，プラスチック箔に分散させた磁気シールド材として応用されています。

アモルファス金属の粉末の成形には，高温では結晶に変化してしまうことから，常温に近い低い温度での成形が必要であり，このために粉末をプレス成形した後，爆薬あるいは高速飛翔体による衝撃波によって，粉末を圧着させてバルク材料をつくる

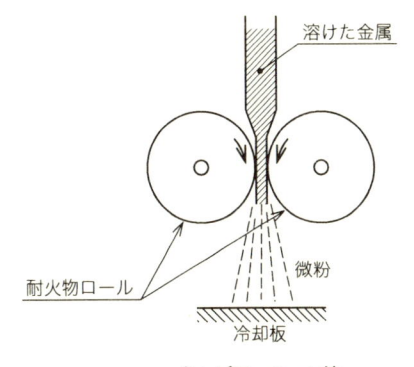

キャビテーション法

方法があります。この衝撃圧着法により，99.5%以上の充てん率をもった棒材や円盤がつくられています。

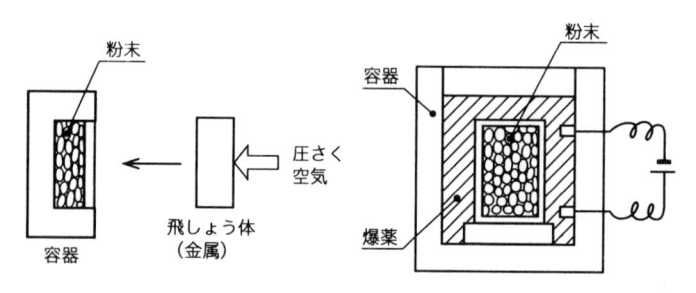

飛しょう体を粉末の入った
容器にぶつけて固める方法

爆薬により密閉容器中の
粉末を固める方法

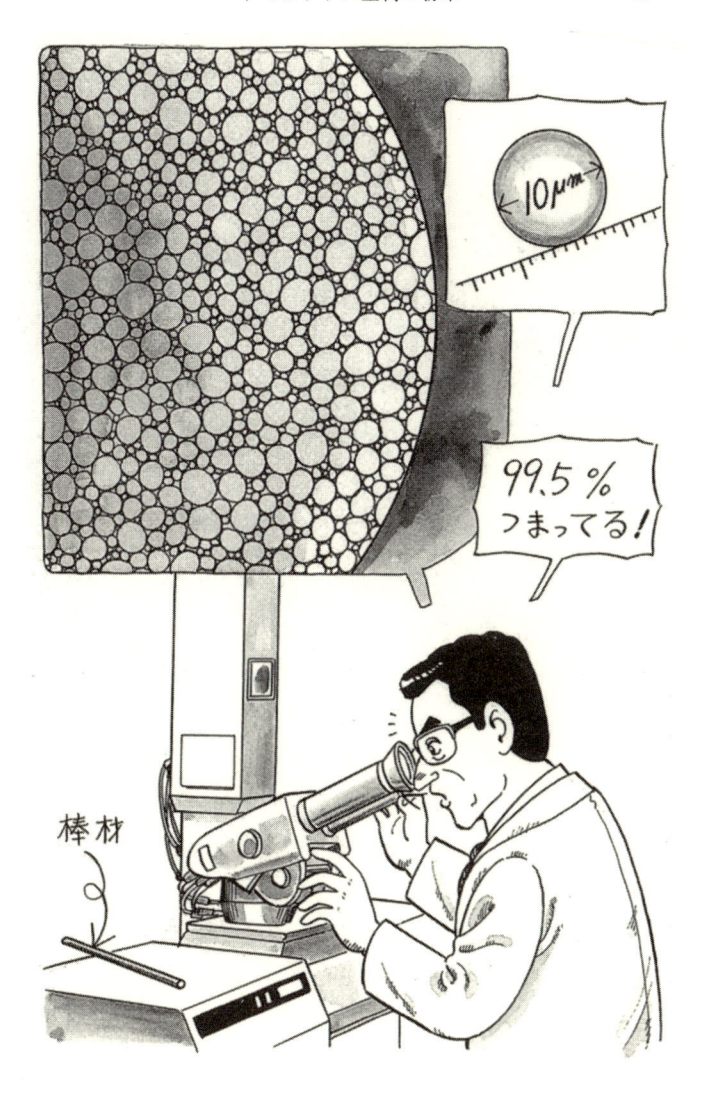

アモルファス金属の粉末　43

アモルファス金属の薄い膜

アモルファス金属の薄膜材料は,前に述べた薄板,細線,粉末とともに,新しい用途への期待が寄せられ,この分野の研究は年々急速に発展しています。

アモルファス金属膜の製法として,古くから真空蒸着法が用いられています。これは,図に示すように真空中において金属・合金を抵抗炉,高周波炉,電子ビーム炉などで加熱し,表面から蒸発する金属原子を冷却したガラスなどの基板上に付着させる方法です。この方法は,膜の製法のうちでも $10 \sim 10^2 Å$ という極めて薄い膜をつくるのに適し,かつ装置や操作が簡単であるなどの利点がありますが,合金組成の種類に制限があり,また大量生産にはあまり適していないことなどの欠点があげら

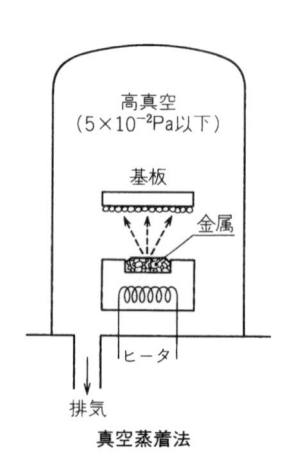

真空蒸着法

れます。

　また，スパッタ法と呼ばれる製法もあります。この原理は，図に示すように，低圧アルゴンガス雰囲気中で二つの電極間に電圧を加え，ガスを電離させてイオン化し，このイオンガスをターゲット試料に衝突させます。すると，表面近くで電界放射された電子により，このイオンが中性原子となって試料内部に侵入し，試料内部の構成原子を外にたたき出し，それを基板上に集めて膜をつくるのです。

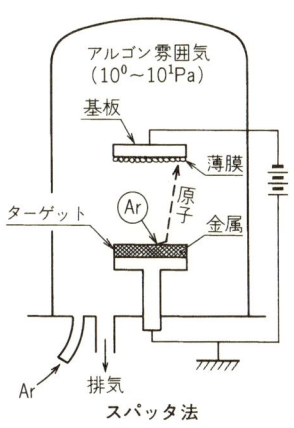

スパッタ法

　この方法には，膜の形成方法によって，二極式，高周波式，バイアス式などの種類があります。また，スパッタ速度により 10^2〜10^3Å という薄膜から数mmまでの厚膜をつくることが可能です。最近は厚膜のバルク材をつくる目的で，プラズマ方式による高速スパッタ装置が開発されています。この装置により，数日で1cmの厚みのあるアモルファス金属板をつくることができます。

また、アモルファス金属膜の製法の一つとして注目されているのが化学的めっき法と呼ばれる方法です。目的とする金属イオンを含む水溶液中で化学反応をおこさせて、材料の表面にアモルファス金属をコーティングするもので、これによって、ガラスやプラスチックなどの非導電性材料の表面にもコーティングすることができます。合金系の数が極端に制限されるものの、大面積の膜をつくれる大きな利点があります。

金属の結晶を原料にして

ごく最近,注目されている製法に固相反応法があります。これは,二つ以上の金属粉末を十分に混合し,その圧着粉を低温で加熱すると,常温付近でもアモルファス金属になるというものです。この方法に似ているものにメカニカルアロイング法があります。また,種々の金属間化合物の粉末に常温付近で水素を吸収させるとアモルファス金属になります。

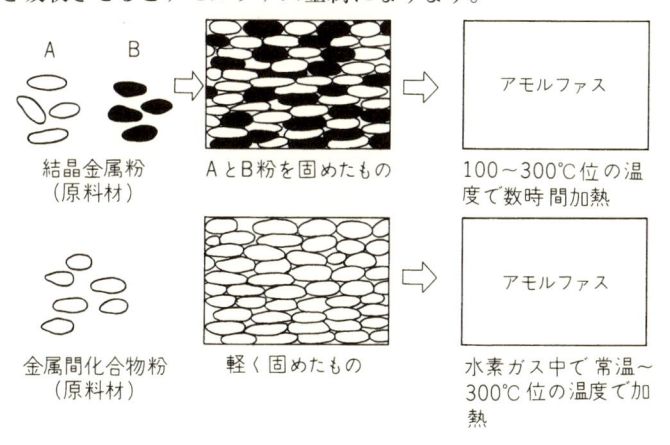

A B		
結晶金属粉 (原料材)	AとB粉を固めたもの	アモルファス 100〜300℃位の温度で数時間加熱
金属間化合物粉 (原料材)	軽く固めたもの	アモルファス 水素ガス中で常温〜300℃位の温度で加熱

本書の冒頭でもお話ししたように,アモルファスを生成することとは,液体を極めて速い冷却速度によってそのまま凍結するという,まさしく熱との戦いでもあるわけですが,それが,常温付近でも容易にアモルファス化が可能になったところに,これらの製法の注目すべき点があります。

どのような材料のどのような表面にも

アモルファス薄膜のメリットの一つにどのような表面にも形成させることができることです。その代表的な例としてシリコン太陽電池について述べましょう。

「衛星探査機の電力源」…この言葉から連想されるのが、以前より身近になった太陽電池。これには光を電気に変える材料が使われています。その材料として、従来からシリコン単結晶が使われています。

シリコン単結晶というのは、溶かしたシリコンをゆっくり引き上げながら大きな単結晶をつくるのですが、この場合いくら大きくしても、直径20 cm位が一般的です。ですから通常の太陽電池はこの単結晶を薄く輪切りにし、いくつも張り合わせて容量を大きくしています。

しかし、現在はアモルファスシリコン薄膜に需要が移りつつあります。なぜかというと、光を電気に変える効率（現在のところ光を電気に変える効率は10％位）が良い利点もありますが、ともかく大面積なものを容易につくることが可能なことによります。

さらに、蒸着できる相手として鉄、プラスチック、セラミックスなど、どのような材料の表面にもコーティングができるのです。しかも、非常に薄くて、広い面積にコーティングできるという大きなメリットがあります。また、単結晶の場合には平

どのような材料のどのような表面にも　　　49

らな面にしか張り付けできませんが，グロー放電を使った真空蒸着法を用いると，どのように屈曲した物にでもコーティングすることが可能になります。

アモルファスは宇宙でも大活躍

同じ板や線をつくるにも…

　前章では,特殊な製法によってアモルファス金属の板や線などを一つの装置で全工程を連続的に生産できることを強調しましたが,もう少し詳しくお話しします。

　アモルファス金属をつくるには,溶かしてから直ちに固め,板とか線として直接部品材料をつくってしまうことに特徴があります。それは,従来の材料をつくる方法と比較して作業工程は単純であり,エネルギーや人件費も非常に少なくすむはずです。

　従来の方法で薄い板や細いワイヤをつくるとすれば,まず電気炉で溶かし,鋳込んでインゴットをつくった後,それを均一に焼きなましをしたものを,鍛造,圧延,線引き,熱処理を幾度も繰り返して最後の製品とすることから,少なくても10工程を必要とします。その各工程間では当然,労力とエネルギーが多く使われることになります。

　ところが,アモルファスの場合は,溶けたものを冷やすことで直ちに板や線ができますので,製造コストが大変安くなります。また,合金の素材にしても特に高価な元素を使っていませんので,今までの材料費と比較してもたいして違わないのです。

　現在は,同じ原理によって大量生産する製造技術が確立され,日本をはじめ米国,ドイツ,中国などで生産されています。

大型アモルファス金属の出現

　アモルファス金属は，急冷によって溶湯から直接に薄板，細線，粉末をつくることができる点が大きな特色ですが，一方，その大型のバルク材料がつくれないかが大いに期待されていました。この夢が実現したのがいわゆる金属ガラスの出現です。この材料は，酸化物ガラスと同じ程度の速度で冷やすことができるので，通常の金属鋳造法や水焼き入れ法のような徐冷によってもアモルファス金属をつくることができます。

パラジウム系合金（原子％組成：$Pd_{40}Cu_{30}Ni_{10}P_{20}$）を水冷金型に鋳造した丸棒と約7cm直径のボタン状試料の外観写真です。

しかし，通常の合金組成ではこのようなバルク材料は得られず，極めて特殊な合金組成を選択する必要があるのです。現在よく知られている材料としては，Zr基合金，La基合金，Pd基合金があり，水焼き入れによって最大8cm径の丸棒をつくることに成功しています。例として，溶湯を水焼き入れしたPd基合金の外観写真を示していますが，水焼き入れのままで素晴らしい表面光沢が得られるのが大きな特徴です。残念ながら，現在発見されている材料は高価な元素からなる合金であり，どうしても用途が限られてしまいますが，今後，より安価な合金を見つけることができれば，用途が大きく開けるものと期待できます。

Part 3
金属の常識を超えた世界

強さと粘さの常識を超える

　最初に金属の変形について考えることにしましょう。普通の金属の場合，その構造は規則的に原子が配列（結晶）したものです。しかし，この金属の結晶には多くの結晶欠陥が含まれています。実は金属が変形するときは，この結晶の中に存在する小さな原子の乱れ（転位）が大きな役割を果たすのです。

　なぜでしょうか。それは，結晶の規則正しい原子配列の中に，原子が抜け落ちた状態になっているところがあると，この状態で外から力が加わることにより，図のようにこの欠陥が結晶のある特定面上を動き移動します。図では転位（⊥）が右に動くことにより原子1個分のずれが生じることになります。このことによって，小さな力で変形が生じるのです。

　欠陥が全くない完全な結晶では，大きな力でないと変形しませんが，このような欠陥が存在する結晶では，その1/100以下

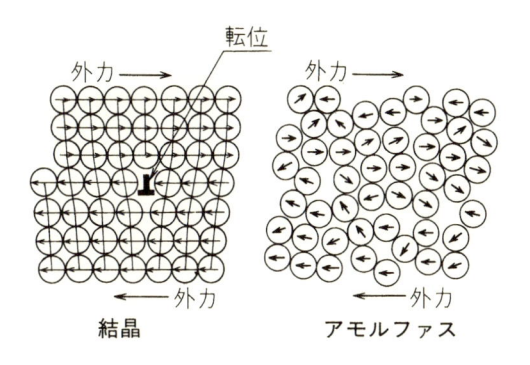

の小さな力で変形してしまいます。すなわち,強さが低くなります。

これに対し,アモルファスの場合はどうでしょうか。アモルファスの原子配列は規則性がないランダムな状態です。ですから,図のように,外から力を加えるとお互いの原子が衝突しあって原子の移動が難しくなり,なかなか変形できないことになります。

この変形機構が違うことによって,結晶金属よりも非常に高い強度が得られるわけです。

現在,結晶金属の材料では最高の強度をもつといわれているピアノ線が,直径0.18 mm線材で約3000 MPaの強さがあります。しかし,アモルファス金属の仲間から見ると,ピアノ線は,表に示したように,中間的な強度に属する程度です。

一方,アモルファス金属の場合は,図のようにピアノ線と同

アモルファス合金*		結 晶 合 金	
	(MPa)		(MPa)
Pd-Si 合 金	1330	Pd 合 金	～ 250
Fe 系 合 金	4410	ピアノ線	～2940
Co 系 合 金	3920	耐 熱 合 金	～1770
Ni 系 合 金	3530	耐 熱 合 金	～1570
Nb 系 合 金	2750	超 合 金	～1470
Mo 系 合 金	2550	超 合 金	～1470
Zr 系 合 金	2450	超 合 金	～1470

*現在までに得られている最高強さ

強さと粘さの常識を超える 57

じ太さの鉄合金線でも3720MPaに達します。そして，さらに他の元素を添加すると実に4410MPaまで強度を高めることができます。

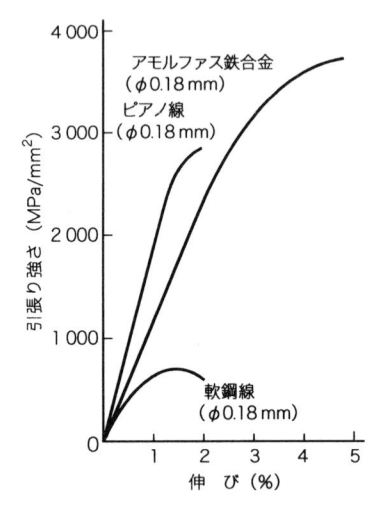

図

 しかも，ピアノ線の場合には，つくる時に線引き加工と熱処理を3回も4回も繰り返す複雑な工程によって，ようやく最高強度を得ますが，アモルファス金属の場合は，溶けた状態から急冷しさえすれば，すごい強度が得られるメリットがあります。

 今，鉄合金を例に，現用材料の強化処理により得られる強さとアモルファス鉄合金の強さとを比較してみましょう。次の図で見るように，アモルファス鉄合金の強さは，現在の最高値で4410MPaが得られていますが，理論的には実に6000MPaが予想されます。一方，結晶の鉄合金では冷間線引き鋼線すなわちピアノ線が最も強く，約3500MPa程度です。

ただ，完全な結晶金属である鉄ひげ結晶では，最大で8500MPaという高い強度を有していますから，アモルファス合金の強度は完全結晶金属よりは低いのですが，現用の強度鋼材料よりもはるかに高いといえます。

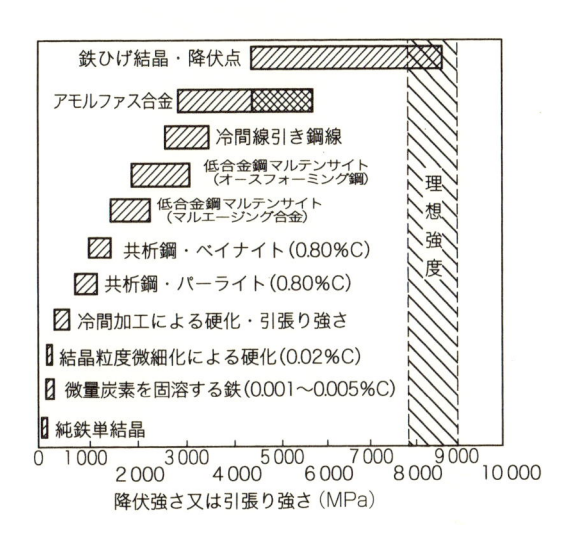

鉄ひげ結晶・降伏点	
アモルファス合金	
冷間線引き鋼線	
低合金鋼マルテンサイト（オースフォーミング鋼）	
低合金鋼マルテンサイト（マルエージング合金）	
共析鋼・ベイナイト (0.80%C)	
共析鋼・パーライト (0.80%C)	
冷間加工による硬化・引張り強さ	
結晶粒度微細化による硬化 (0.02%C)	
微量炭素を固溶する鉄 (0.001〜0.005%C)	
純鉄単結晶	

（横軸：降伏強さ又は引張り強さ (MPa)，0〜10000，右端に理想強度の帯）

この強度に加えて，もう一つの特徴は，アモルファス金属が大きな粘さ（靭性）を持っていることです。一般に強度が高いほど靭性は低下します。現用鋼の強度材料の中でも最も靭性が高い材料はマルエージ鋼と呼ばれるものですが，これと比較して，アモルファス鉄合金の靭性は，高強度にもかかわらず，およそ3〜4倍という高い値を示します。この高い靭性はやはり原子配列が乱れていることから生まれる性質です。したがって，アモルファス金属は理想的な高靭性材料であるといえます。

驚異の耐久性能

　腐食に耐えることでよく知られているステンレス鋼は,「錆びにくい金属」として耐食性が求められる分野に広く使用されています。ここでは, アモルファス金属とステンレス鋼を比較しながら, いかにアモルファス金属が, 耐食性の高い材料であるかをお話しします。

　では, 金属は, なぜ錆びるのでしょうか。その原理を示す模式図を示しました。

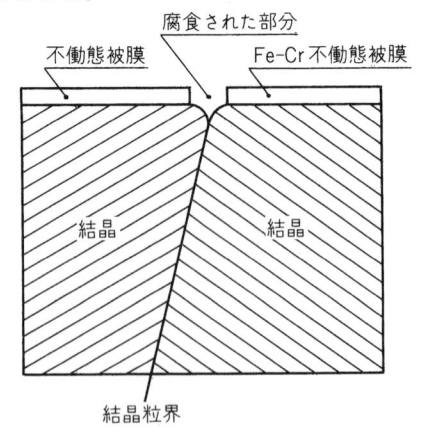

(図: 不働態被膜／腐食された部分／Fe-Cr不働態被膜／結晶／結晶／結晶粒界)

　ステンレス鋼が錆びにくいのは, 表面に耐食性をもつ酸化被膜（不働態被膜）が形成されるからです。ところが, この鋼には種々の結晶欠陥や不純物の偏折が含まれ, 表面は必ずしもきれいではないのです。例えば, 材料の表面部分に結晶粒界とい

驚異の耐久性能

う結晶と結晶の境目が存在するとします。この粒界では、形成される不働態被膜が丈夫でなく、図のように被膜が破れてしまい、これが腐食の起点となりやすいのです。ところが、アモルファス金属の場合には、図で見るように、丈夫なCr不働態被膜が厚く均一に形成されます。

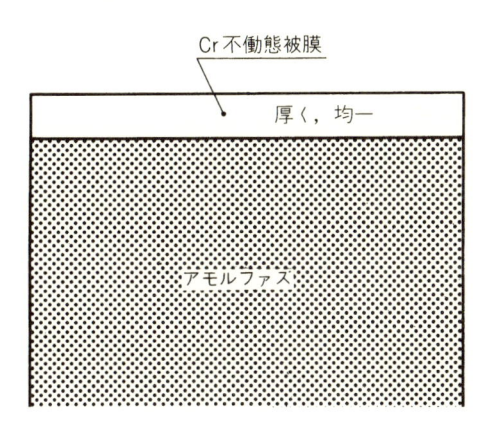

```
                    Cr不働態被膜
                   ┌─ 厚く、均一
  ┌────────────────────────────┐
  │                            │
  │        アモルファス         │
  │                            │
  └────────────────────────────┘
```

これは、アモルファスが結晶に比べて化学的に反応しやすいために、腐食される環境では直ちに表面で化学反応がおこり、表面に合金中のクロムが濃縮されて、純クロムに近い成分の酸化膜が急速に厚く形成されるためです。しかも、アモルファス自身には結晶粒界のような不均一な部分がないために、形成された被膜は均質になります。このような理由により、アモルファス金属が極めて耐食性の高い良質材料になるわけです。

表は、アモルファス金属の超耐食性を顕著に示した例です。耐食性というのは、目安として1年間腐食環境に置いたときにどの程度腐食されて厚さが減るかで判断するのですが、ステン

溶　液	合　　　　金	1年当たりの腐食速度 (mm)
1規定塩酸 (常温)	アモルファス　$Fe_{72}Cr_8P_{13}C_7$ 18-8　ステンレス鋼	<0.00001 ~ 0.5
10%塩化第二鉄 (333K)	アモルファス　$Fe_{72}Cr_8P_{13}C_7$ 18-8　ステンレス鋼	<0.0001 ~ 120
12規定塩酸 (333K)	アモルファス　$Fe_{45}Cr_{25}Mo_{10}P_{13}C_7$ 30Cr-5Mo鋼	<0.001 ~ 50

（下つき数字は原子%）

レス鋼と比較した腐食速度をみると，アモルファス金属がいかに「超」と名のつく特性であるかがおわかりいただけると思います。ステンレス鋼が直ちに溶けてしまうような強い酸性溶液中でもアモルファス金属はほとんど腐食されません。概算すると100万倍も耐食性が良いのです。

　例えば，12規定塩酸（60℃）という，ほとんどの金属が溶けてしまう溶液中でも，アモルファス金属は溶けないのです。

　ここでとくに大切なことは，アモルファス金属であれば全て耐食性があるということではありません。むしろ，アモルファス金属自体は化学的に反応しやすいのです。この弱い耐食性を逆に強くするのは，不働態被膜を形成する元素を含んでいる時に，その元素が表面に被膜を形成して，外からの腐食を防ぐ作用を果たすためなのです。

驚異の耐久性能 63

優れた磁気的性質

磁石にくぎを近付けると，くぎは磁化し磁石の磁力によって引き寄せられます。この磁化する物体を磁性体と呼んでいます。

従来の磁性理論によると，結晶金属の磁性は原子の規則的な配列に大きく起因すると考えられていました。しかし，原子の配列が乱れているアモルファスでも磁性が現れることが理論的に証明されるようになりました。図にアモルファス磁性合金の種類を示します。

これは，結晶の場合と同様に，大きく分けて，フェロ磁性体とフェリ磁性体に分類できます。

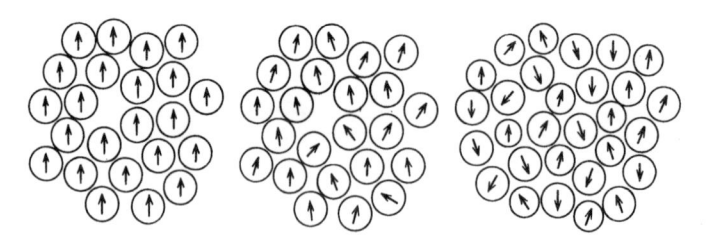

完全フェロ磁性　　不完全フェロ磁性　　フェリ磁性

重要な磁気的性質の一つに透磁性と呼ばれるものがあります。透磁性というのは，磁界のそばに近付けると磁化されるが，磁界を離すとその磁化が消える（いわゆる小さな磁場でも容易に磁化される）極めて敏感な性質です。このような性質を軟磁性ともいいます。

アモルファス金属の場合は、結晶金属よりも軟磁性の点で優れ、表に見るように、低い保磁力、高い透磁率などの特性を持っています。

その結果、鉄損（コイルにした場合に熱として失われるエネ

鉄心材料

	Am-Fe$_{78}$Si$_{10}$B$_{12}$	Am-Fe$_{81}$B$_{13}$Si$_4$C$_2$	方向性けい素鋼板
磁化(T)	1.56	1.61	2.00
キュリー温度(K)	720	673	1013
保磁力(A/m)	1.6	0.64	8.0
鉄損(W/kg)	0.10	0.06	1.5
角形比	0.9	0.9	0.7
電気抵抗($10^{-8}\Omega\cdot$m)	155	155	47

高透磁率材料

	Am-Fe$_5$C$_{70}$Si$_{10}$B$_{15}$	パーマロイ	センダスト
磁化(T)	0.84	0.77	0.90
キュリー温度(K)	620	733	773
保磁力(A/m)	0.16	0.8	4.0
磁わい(10^{-6})	〜0	〜0	〜0
透磁率(3kHz,25mA)	〜10×10^5	3×10^5	3×10^5
硬度(Hv)	910	120	500

Am：アモルファス
下つき数字：原子%

ルギー）が，現用の高透磁率材料の一つである方向性けい素鋼板の1/5以下になってしまいます。このように鉄損が小さくなる理由は，磁気損失で失われるエネルギーが小さく，また電気抵抗が高いため渦電流損失が小さくなることによります。したがって，アモルファス磁性材料は，省エネルギーのトランス用鉄心として注目され，広く使用され始めています。

一方，保磁力や透磁率が優れているほかに硬度が高いという特徴を持っています。磁気ヘッドに求められる硬さがパーマロイの50倍，センダスト（Fe-Si-Al合金）の2倍という値をもっていることから，摩耗が少ない磁気ヘッド材料として注目され，周波数の高い領域でも忠実に音を記録したり，再生することができる磁気ヘッドとして，主に高級音響機器に使われているのです。

また，電気抵抗が，従来の材料であるパーマロイの約10倍，センダストの5倍という優位を誇っています。このために高周波用の磁心材料として注目され，すでに大量に使用されています。例えば，電子機器の電源用の磁心部品として多用されています。

将来，情報電子機器がどんどん小型化するに伴って機器の高周波化が進みます。この時，アモルファス磁心材料がますます注目されることでしょう。とくに，アモルファス軟磁性薄膜を用いたインダクター，トランスなどの開発が重要になりつつあります。

まだある優れた性質

　これまで，アモルファス金属の特有な優れた性能をお話ししましたが，その他にもいろいろな性質があることが見い出されています。図にその主なものを示します。

　例えば，放射線に強い性質は，結晶金属では考えられないことです。結晶に中性子のような粒子がぶつかると結晶がこわれて脆くなったり，性質が変わったりしますが，アモルファス金属はすでに十分に乱れているために，これ以上大きく乱れることはないのです。そこで，アモルファス金属は放射線に対して強い材料になるわけです。

アモルファス金属の優れた性質

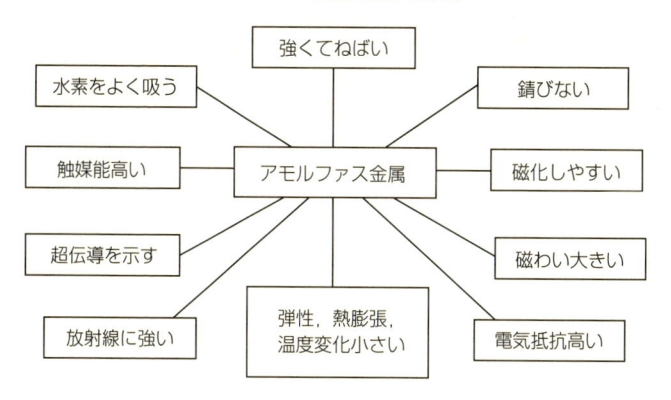

- 強くてねばい
- 錆びない
- 磁化しやすい
- 磁わい大きい
- 電気抵抗高い
- 弾性，熱膨張，温度変化小さい
- 放射線に強い
- 超伝導を示す
- 触媒能高い
- 水素をよく吸う

その他，触媒能，超伝導，水素吸収などの特性でもユニークな性能があることが知られています。詳しくは後で述べることにします。

Part 4

アモルファス金属の秘密

元素を均一に混ぜ合わせる

アモルファス金属が、構造的に結晶金属とは異なる特徴を持っていることは、これまでに何度もお話ししましたが、このことを構造的特徴と呼んでいます。この構造的特徴によって、アモルファス金属の特性である高強靱性や高電気抵抗性が生み出されます。

では、高耐食性や軟磁性などの特性はどのようにして生み出されるのでしょうか。それは、この構造的特徴に加えて、元素を均一に混ぜ合わせることができるという理由からなのです。

「たった、それだけのことで？」

何か不思議に思われることでしょう。しかし、このことが、結晶金属とアモルファス金属との違いを決定付ける大きな要因なのです。

結晶金属の場合、多元素を含む合金をつくるには、原料を一度溶かしておいて、それを冷やして結晶の固体にしますが、温度をどんどん下げていくと、ほとんどの元素はお互いにくっついたり反発し合ったりして均一に混ざることがなく、図のように組成の違う二つの相に分離したり、化合物をつくってしまいます。このため結晶金属では、ある決まった構造と組成をもつ相で構成される複合組織となってしまい、その組織から生まれる性質もまた決まってしまうのです。

これに対し、アモルファス金属は液体で均一に混合した状態

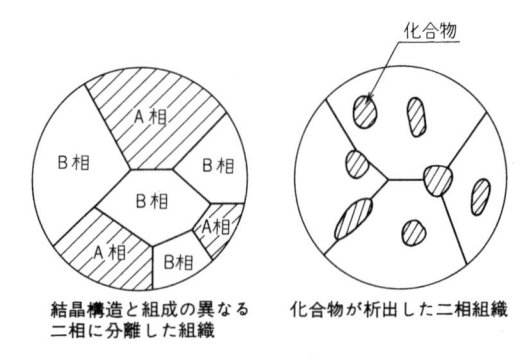

結晶構造と組成の異なる二相に分離した組織

化合物が析出した二相組織

から急冷するため、図のように複数の元素の原子が均一に分布した固体が得られることから、元素がお互いに作用し合っていろいろな性質を生み出すことができるのです。

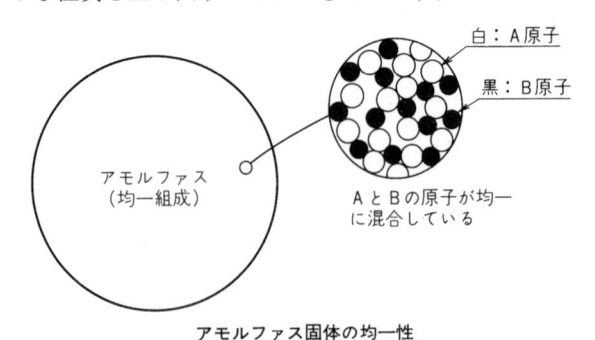

アモルファス固体の均一性

このような、アモルファス金属の特徴を組成的特徴と呼んでいます。こうして、アモルファス金属は、いろいろな元素を調合して均一に混ぜ合わせることが可能なため、合金組成をいろいろ変えることができ、結晶金属では得難い種々の個性を持った特性が誕生するのです。

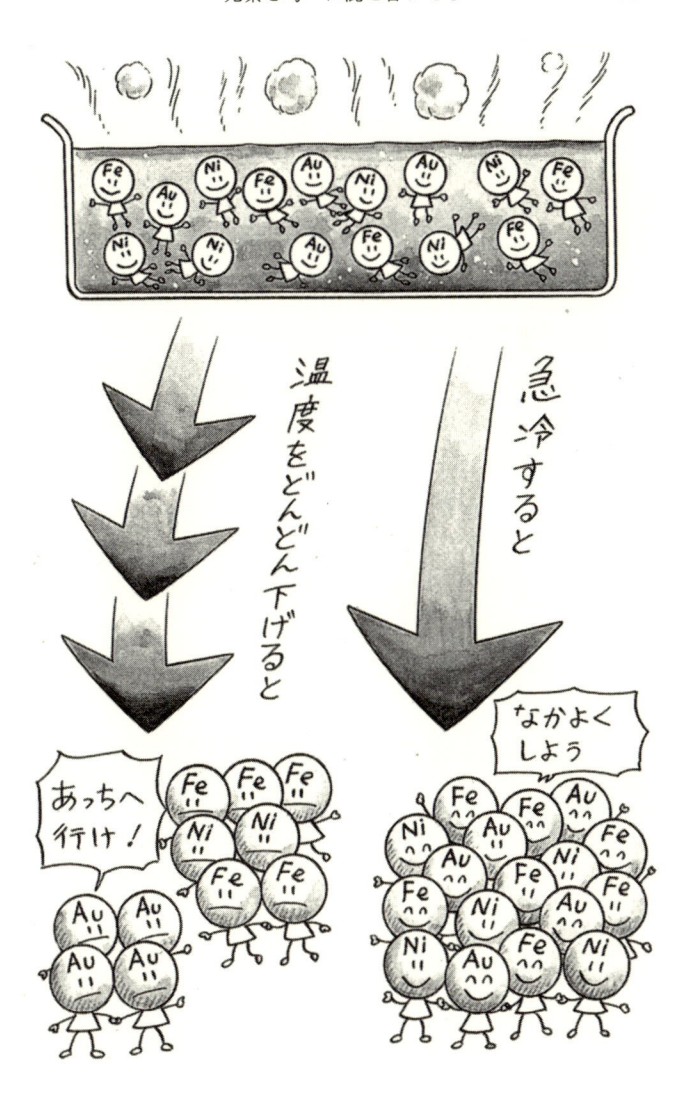

元素を均一に混ぜ合わせる 73

元素の特徴を引き出す

　アモルファス金属は，元素を均一に混ぜることができるので，いろいろな元素の特徴を引き出すことができる金属です。

　鋼は，鉄と炭素の二つの元素からできています。これらを混ぜて，溶かした状態では均一なのですが，冷やして結晶にしてしまうと図のように，フェライト鉄とセメンタイトと呼ばれる化合物に分解してしまいます。

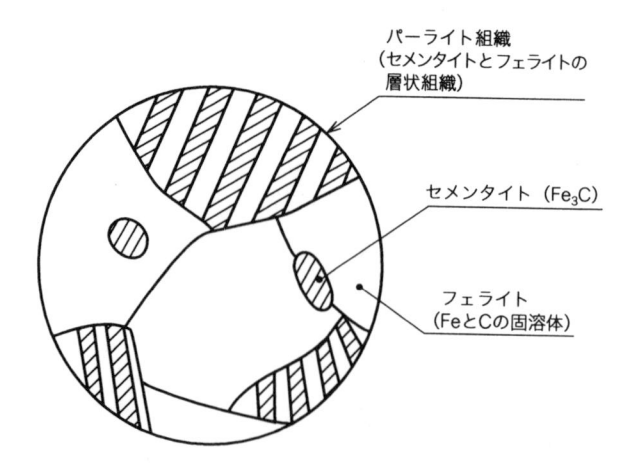

図：パーライト組織（セメンタイトとフェライトの層状組織）／セメンタイト（Fe_3C）／フェライト（FeとCの固溶体）

　その結果，鉄とセメンタイトの二つの相のみになるのです。たとえ炭素をどんどん増やしても，セメンタイトという化合物が増えるだけです。そして，この二つの相の組織構造に依存した性質に限られてしまいます。

元素の特徴を引き出す

アモルファス金属で
究極の刀づくりだ

鋼においても、その性質を変えることはよく行われることですが、組織を構成する主な相はセメンタイトとフェライトの二つです。この二つの相の状態をいろいろ変えることにより、鋼の性質を調節しています。例えば、鋼の体質改善とでも言われる刀鍛冶では、焼き入れ・焼き戻しという熱処理によって、高温のオーステナイトを急冷したマルテンサイトと呼ばれる硬い相を加熱しながら硬さや粘さという性質を与えています。

一方、アモルファス金属の体質改善について見てみましょう。先の鋼と同じように、鉄の中に炭素が溶けた状態でその炭素をどんどん増やしていくと、しだいに違った性質に変わっていきます。鉄は本来、磁性元素なのですが、鉄の中にどんどん炭素を増やしてアモルファス状態をつくり出すと、この鉄の磁性が徐々になくなってしまうのです。

このようにして、鉄の中に炭素（C）をたくさん入れたり、ほう素（B）を入れたりして種々の個性を持った性質の鉄合金をつくることができるのです。

ここが、結晶金属とは決定的に異なる点であり、今までの結晶金属材料の常識とは大きく異なる面白いな金属なのです。

秘密の鍵「電子の振舞い」

　このように、アモルファス金属は、その構造的な特徴とともに、いろいろな元素を均一に混ぜ合わせることができるという、組成的な特徴を持っています。では、なぜ元素を均一に混ぜ合わせることによって、結晶金属では得難い性質を実現できるのでしょうか。それは、原子をまわる電子の働きが大変意味をもっているのです。

　あらゆる金属は、金属原子が無数（例えば、鉄は鉄原子が約 $9g$ 中に 10^{23} 個）に集まって形成されています。そして、一つ一つの原子の回りに、いくつかの電子が周回しています。この電子によって、互いの原子を結び付ける役割が果たされているのですが、このうち一番外側を回っている電子（外殻電子）が、その金属の性質を決める大きな存在になっています。

　例えば、クロム原子は、その外殻電子数が鉄原子よりも一つ少ないだけで、その元素から現れる性質も変わってくるのです。先ほど、鉄に炭素を混ぜる例をお話ししましたが、元素を均一に混ぜ合わせることの裏には、実はこの電子の状態を変えるという営みがあったのです。鉄に炭素を入れると、炭素が持つ電子が鉄の方に移動してきます。つまり、鉄の外殻電子の数が変わることによって、鉄の性質が変わるわけなのです。

　このように、いろいろな元素を均一に混ぜ合わせることによって、電子状態を変えることができるため、種々の特性を生み

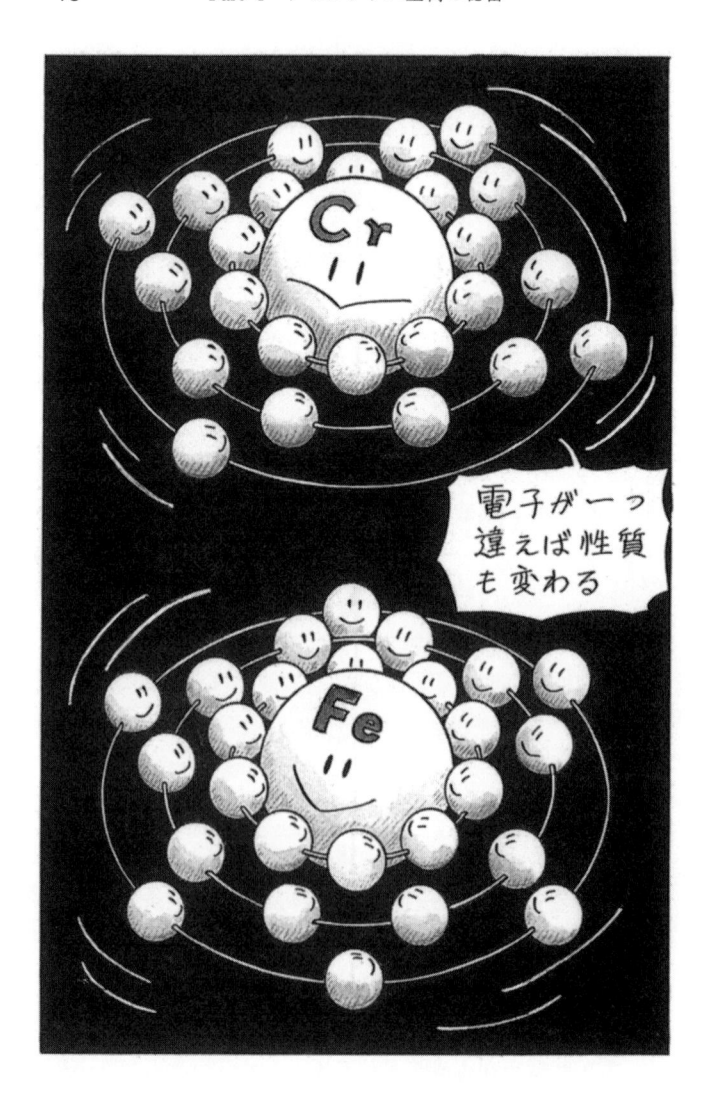

78　　　　Part 4　アモルファス金属の秘密

Part 5

アモルファス金属の独壇場

磁性材料としての優れた総合能力

　アモルファス金属が最初に応用されたのは、カセットテープなどへ磁気的に音などを記録したり、再生、消去させたりするときの心臓部に当たる磁気ヘッドです。これまでオーディオやVTR, コンピュータ用などに使われていますし、ウォークマン、カーオーディオのような小型機器にも普及していました。

　従来磁性材料としては、パーマロイやセンダストといった結晶の合金が使われていました。しかし、図に見るように、アモルファス金属が、従来の材料よりも広い周波数で高透磁率（これを高周波特性と呼んでいます）を保ち、かつ、磁化強さも高いことが判明してから、新しい軟磁性材料として脚光を浴びることになりました。

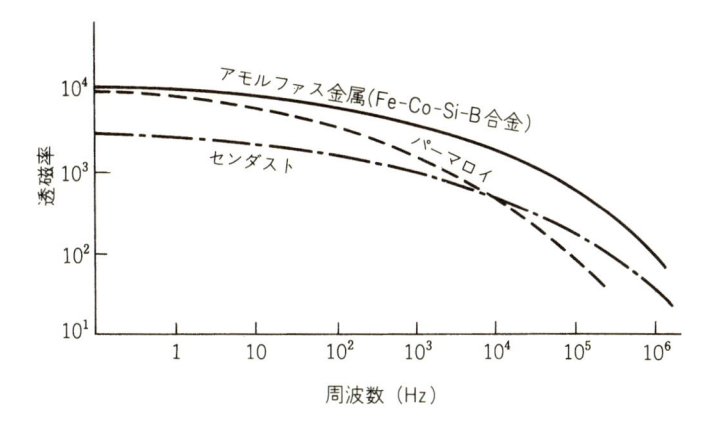

なぜ,高周波側で透磁率が高いのでしょうか。それは,先ほど,特性のところでも触れましたが,電気抵抗が高く,優れた軟磁性であるためなのです。

従来の材料には,加工と磁性との関係でいくつかの難点がありました。パーマロイの場合は軟らかく,熱処理を施して良い特性にしても,組立ての際に力が加わることによって,特性が悪くなってしまうのです。また,センダストの場合は,逆に脆く,加工することが極めて難しいなどです。

一方,アモルファス金属は,高強靱性であることから,少々変形を与えても特性が変化しないという,磁性材料にとって,非常に有利な特徴があります。

また,磁気ヘッド材料として重要な性能の一つに,摩耗抵抗が高くなければならないことがあげられます。そこで,テープの摩擦によってヘッドがすり減らない硬い材料が必要になってきますが,この硬さに関しても,アモルファス金属は,パーマロイの約50倍,センダストの約2倍という従来の材料をはるかに上回った硬さをもっています。

〔ソニー(株)〕

磁性材料としての優れた総合能力   83

アモルファスサウンドという言葉をご存じですか。この音質を出す磁気ヘッドは，専門家の間でも話題になった製品で，素晴しい音質をもつ材料として，高く評価されています。それは，広い領域で忠実な音を再現することができるためですが，あまりにも忠実に音を記録してしまうために，かえって嫌われるケースもあります。

最近の用途として，高い磁束密度（磁化する強さ）が要求される合金テープに対応した磁気ヘッドとして使われています。また，8mm VTR用の磁気ヘッドとして，アモルファス磁性材料の薄膜が使用されています。

しかし，ごく最近になって磁気記録方式が磁気ヘッドからMR（磁気抵抗）ヘッドへと変わりつつあり，残念ながらアモルファス磁気ヘッドはごく一部にしか使われなくなっています。そして，この材料は高周波域用の磁気部品へと用途が変りつつあります。

電気をロスしない省エネの強い味方

　発電所から輸送される電力は、非常に電圧を高くしています。このため、一般家庭で使うときは、図に見るように、この電圧をトランス（変圧器）によって100または200ボルトまで下げる必要があります。

　この電力用柱上トランス。この中には、鉄心と呼ばれる交流電圧を下げる役割を持つものが入っています。この鉄心の材料として、現在は、けい素鋼板が使われていますが、近年、この鉄心に高飽和磁化のアモルファス合金を用いることが注目され、既に商用段階にまでなっています。写真は1980年頃に試作された10kVAの柱上トランスですが、現在は、巻き鉄心の小容量トランスばかりではなく、積層鉄心の大容量（100kVA）トランスまで開発されており、省エネトランスとして世界中で使用されつつあります。

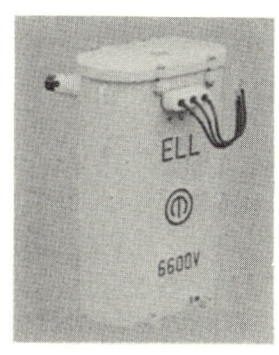

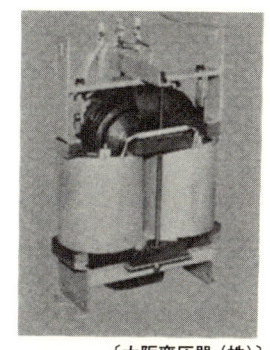

〔大阪変圧器（株）〕

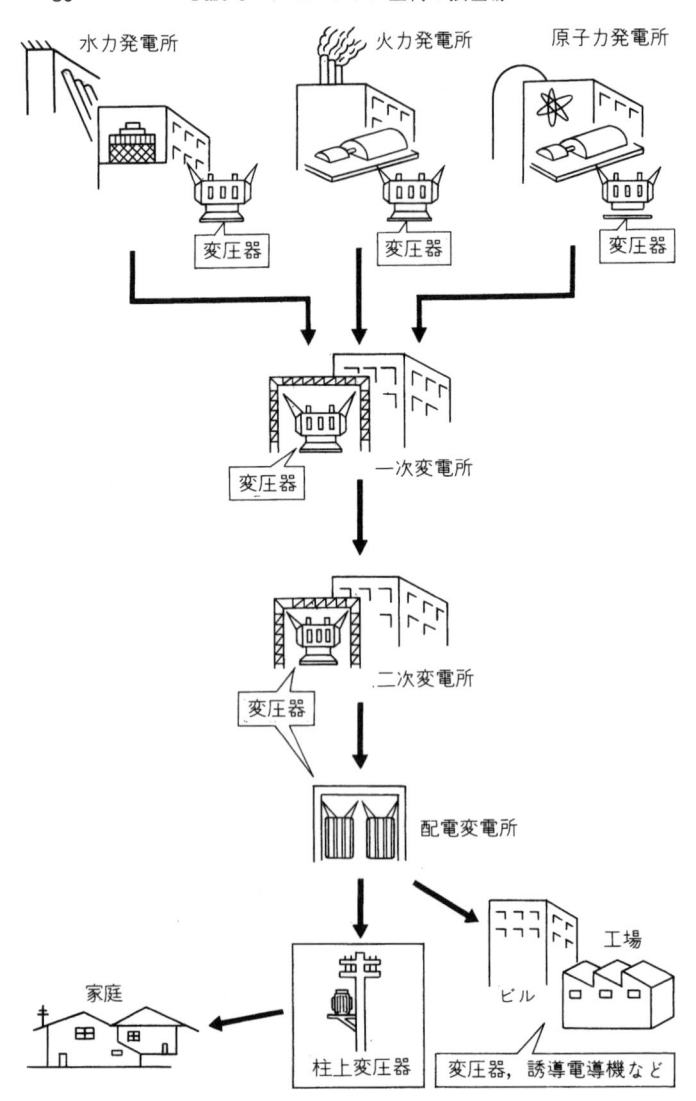

Part 5 アモルファス金属の独壇場

水力発電所　火力発電所　原子力発電所

変圧器　変圧器　変圧器

変圧器　一次変電所

変圧器　二次変電所

配電変電所

家庭　柱上変圧器　ビル　工場

変圧器, 誘導電導機など

電気が熱になる。このことは、日常的にもよく体験することですが、トランスに電気が流れている状態でも、実はトランスの鉄心からどんどん電気が熱として逃げています。このことを鉄損と呼んでいます。

従来のトランス鉄心材料には、この鉄損を少しでも低減できるような高品質の素材として、種々けい素鋼板が大量に生産されていますが、アモルファス金属は、けい素鋼板と鉄損について比較すると、鉄心部分から熱で逃げていくエネルギーが1/10に減少するといわれています。ここに代表的なアモルファス鉄心材料と現用けい素鋼板との特性を表に示しました。

合　　　金	飽和磁化 (T)	保磁力 (A/m)	鉄損 (W/kg)	キュリー温度 (K)	角形比	抵抗値 ($\mu\Omega\cdot$cm)	磁わい
$Fe_{80}B_{20}$	1.6	2.4	0.44 (W14.5kG/60Hz)	647	0.77	145	31×10^{-6}
$Fe_{82}Si_8B_{10}$	1.6	2.4	0.24 (W16/60)	—	0.75	—	—
$Fe_{81}B_{13}Si_4C_2$	1.61	0.64	0.06 (W13/50)	673	0.90	125	40×10^{-6}
$Fe_{81}B_{13}Si_{3.5}C_{2.5}$	1.61	4.8	0.26 (W12.6/60)	643	0.70	125	—
方向性けい素鋼板	2.0	8.0	1.5 (W13/60)	1 013	0.72	47	$\sim10\times10^{-6}$

このような、優れた特性が注目されてから、アモルファストランスの研究が活発になってきました。

この特性が生まれるには、二つの理由があります。

一つは，アモルファス金属の電気抵抗が高いので，磁束が変化することにより生じる渦電流損失と呼ばれるエネルギー損失が小さくなることです。二つ目は，軟磁性であることから磁気損失（磁気ヒステリシス損とも呼びます）も少なくなる。この渦電流損失と磁気損失が小さくなることによって，鉄心部分で発生する熱の量を大きく減らすことができるのです。

鉄損が1/10に減ることで，省エネルギーの観点からは大変なメリットが考えられます。それは，全体の電気エネルギーの約1〜2％を節約することが可能になり，年間を通して考えると実に膨大なエネルギーの節約になります。現在，日本には約650万台の柱上トランスが設置されていますが，このすべてをアモルファス鉄心に取り換えた場合，節約できる電力量は年間約70億kWh（約900億円）に達すると見積られています。

アモルファストランスは，鉄損の低減もさることながら，製造工程の簡略化と生産性などのメリットがあります。しかし，トランス材料として使用するには，板厚が，0.05〜0.1mm，板幅が15cm以上の薄板アモルファス金属が必要となり，これを均質かつ大量に生産できる製造技術が求められていました。

1990年代に入って，この製造技術が開発され，現在では0.05mm厚さ，25cm幅の広幅薄帯が連続生産されており，これを用いたトランス鉄心が量産されるようになっています。今後省エネトランスとしてますます重要視され，従来のトランスと置き換わることでしょう。

電気をロスしない省エネの強い味方　　　89

電子部品やセンサなどの有望株

　今，LSIを始めとしたICを組み込んだパーソナルコンピュータや大型コンピュータの需要が急速に伸びてきましたが，このコンピュータやその周辺機器，OA機器，計測器などの駆動用電源（スイッチング電源）の磁気部品の鉄心に高透磁率アモルファス金属が多く使われています。

　ではなぜ，この駆動用電源の鉄心材料としてアモルファス金属が使われるようになってきたのでしょうか。

　それは，アモルファス金属が交流の50～60ヘルツのような低周波だけでなく，50～200キロヘルツといった高周波でも，低鉄損や高透磁率という良好な性能を示すからです。また，柱上トランスの話でも触れましたが，アモルファス金属は，現用材料と比べて，鉄心部分で発生する熱量が非常に少ないために，電子部品への熱による損傷の心配がなくなります。このため，コアを非常に小さくすることができるのです。

　これにより，駆動用電源の容量を従来の電源の1/5程度に小さくすることが可能になりました。

　今，この分野では部品が徐々に小さくなる傾向にあります。しかし，従来からの材料であるパーマロイやけい素鋼板では，電源を小さくすることが不可能に近いため，こうしたニーズに大変マッチした新材料の登場となりました。

　また，最近では周波数を上げると電源の性能が大きくアップ

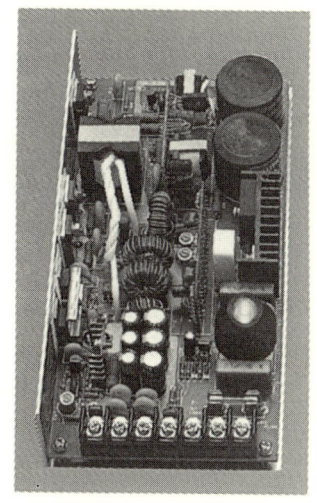

電子部品やセンサなどの有望株　　　　　　91

〔日立金属(株)〕

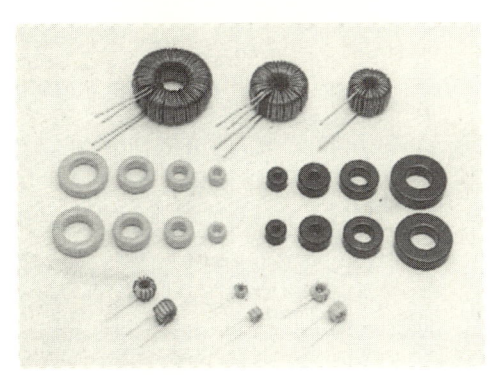

〔(株)東芝〕

することから, 周波数をキロヘルツに上げる方法が行われています。しかし, 従来のパーマロイやけい素鋼板では, 周波数の高い領域での性能が悪くなってしまうため, 周波数の高い領域での高性能材料として, アモルファス金属の磁性材料が飛躍的

な発展につながりました（81頁の図を参照）。

このように，アモルファス磁性材料の登場によって，小型化を始め高効率，低ノイズなどの性能が優れたチョークコイルやノイズフィルターのコアが大量に生産され，今後も高成長が見込まれています。まさに，この分野の独壇場になりつつあります。

また，アモルファス鉄系合金の線材は，磁化の反転が急激に起こり（大バルクハウゼン効果），線の両端に鋭いパルス電圧が発生する現象（マテウシ効果）があります。この原理を使うと例えば回転数計測センサに応用できるのです。極性を交互にした磁石を回転体周囲に装着し，このセンサを設置すれば，回転数に応じた鋭いパルス電圧が取り出せます。小型化が容易な点も魅力です。

一方，Co系合金線材は，その優れた軟磁性を生かして，写真のようなクロスインダクタンス素子への応用が提案されていま

〔ユニチカ(株)〕

す。縦線にCo系合金線材を用い，横線として銅線材を用いて網目状に織りあげたものですが，これは厚さがわずかに0.2 mmの超薄型のインダクタンス素子で，電子機器の小型化にとって有用な素子になるでしょう。

このような試作例のほか，すでに実用化されている応用として，アモルファス磁わい合金線材を用いた小型タブレットがあります。写真のように，約0.1 mm径の線材をボードの中に網目状に組み入れ，ペン先の磁石で文字や図形の入力を行うことができるようにしてあります。

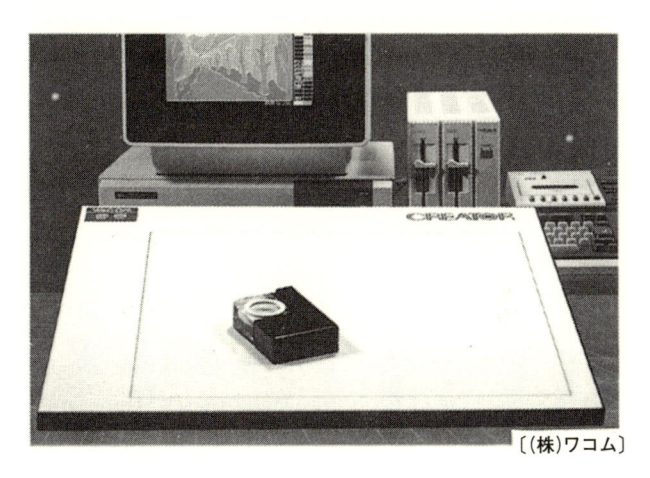

〔(株)ワコム〕

このような線材に加え，粉末やめっきコーティングした薄板の登場により応用分野が拡大しました。Co系磁性粉末は高透磁性を有しており，これを樹脂シートに充てんしたものは，約60％の磁気シールド効果があるといわれます（写真）。

このシートを数枚重ねると，ほぼ100％のシールド効果があ

るため，半導体工場，電子機器工場，磁気計測研究施設などの建築物の磁気シールド材として使用できます。

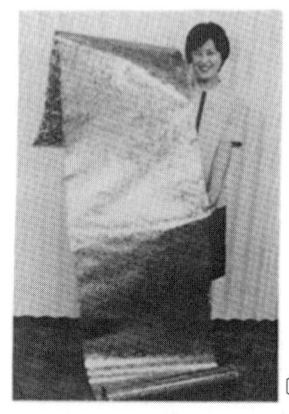

〔(株)リケン〕

一方，アモルファス合金の薄板に銅めっきを施したものは，電磁波シールド材として有用です。銅めっきがしてあるためにはんだ付けができ，しかも厚み25ミクロンのシートで厚さ3.2ミリの鉄板と同程度の磁気シールド効果があるといわれています。しかも，電気シールド効果は，厚さ30ミリのステンレス鋼板に匹敵します。

将来の大きなマーケットとして期待される応用に，各種のセンサ素子があります。図に見るように，多くの用途が考えられ，実用化段階を迎えているセンサ素子も多くあります。

これらのセンサ素子の中で，既にその有効性が認められているものに，アモルファスCo系磁性合金線を用いた盗難防止用

センサ素子があります。誤作動が少なく，高感度であることから，図書館，マーケット，商店などでの盗難を防止する効果があるといわれ，アメリカやヨーロッパで多く使用されています。

とくに現在注目されるアモルファス磁性線として，MI（磁気インピーダンス）素子があります。これは小さい磁場を加えるとインピーダンスが大きく変わる性質を利用したもので，回転計センサ，磁界センサなどとして開発されつつあります。

今後，センサ素子は有望な用途の一つになることでしょう。

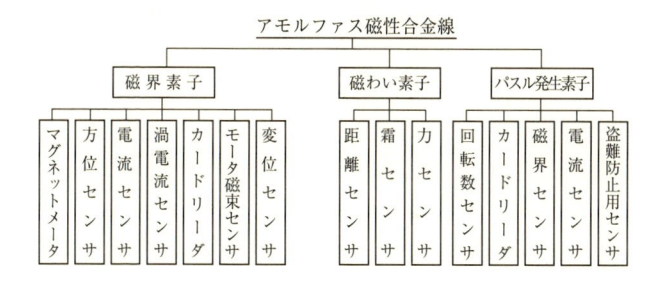

```
                        アモルファス磁性合金線
         ┌──────────────────┼──────────────────┐
      磁界素子            磁わい素子         パスル発生素子
   ┌──┬──┬──┬──┬──┬──┐  ┌──┬──┬──┐  ┌──┬──┬──┬──┬──┐
   マ  方  電  渦  カ  モ  変  距  霜  力  回  カ  磁  電  盗
   グ  位  流  電  ー  ー  位  離  セ  セ  転  ー  界  流  難
   ネ  セ  セ  流  ド  タ  セ  セ  ン  ン  数  ド  セ  セ  防
   ッ  ン  ン  セ  リ  磁  ン  ン  サ  サ  セ  リ  ン  ン  止
   ト  サ  サ  ン  ー  束  サ  サ          ン  ー  サ  サ  用
   メ          サ  ダ  セ                  サ  ダ          セ
   ー              ン                              ン
   タ              サ                              サ
```

理想的な強度材料

　強さや硬さが結晶金属よりも非常に高いアモルファス金属は，合金の組成などによって，いろいろ違いますが，強いものになると4000MPaという強さを持っています。現在，結晶の金属材料で最も強いものが約3000MPaですから，実に1000MPaも高いことになります。

　不思議なことに結晶の金属材料や無機材料では，強さが3000MPaを超えることがなく，これを突破することは非常に難しいのです。もちろん，実験室的には3500MPaとかを得られますが，実用化までには至りません。

　一方，アモルファス金属は，溶けた状態から急冷したままで，4000MPaの材料を一つの装置から得ることができます。このことは，加工と熱処理を何度も繰り返す複雑な工程を経て，一定の強さを出す結晶金属とは異なりますし，大きなメリットでもあります。それは，アモルファス構造そのものによって強さを生み出すため，熱処理なども全く必要としないので，その意味ではユニークな強度材料といえます。

　強さとは表裏一体となる硬さについても，アモルファス金属は非常に優れています。

　硬さの測定方法のうち，ビッツカース硬さ試験（HV）と呼ばれるものがあります。正四角錐のダイアモンド圧子を一定の試験荷重で試料に押し込み，生じた永久くぼみの大きさから硬

さを測定するのですが、アモルファス金属の場合では、鉄系合金でHV1100、コバルト系合金でHV1400という高い値が得られます。最も硬い結晶金属であるピアノ線（強度3000MPa）でさえもHV800～900程度ですから、いかに硬いかがわかると思います。

　そして、ここで重要なことは、結晶金属の場合は、強さや硬さが高くなるに伴って、反対に脆くなっていくことです。ところが、アモルファス金属は高強度にもかかわらず、結晶金属の最も粘いマルエージ鋼よりも約3倍も高い、驚異的な粘さを持つ強度材料といえます。

　このことから、現在、レジャー、スポーツ用品から工業用品までいろいろな用途に使われています。日常的な物では、釣りざお、テニスラケット、ゴルフシャフトなどの強化材として使用されています。また、工業用材料としては、これまで、ばね、歪みセンサ、浄化フィルタなどに使われていますが、将来的には、薄刃、複合材料の補強材などの応用分野も期待されています。

　今後の技術革新などにより、より総合的な実力をもったアモルファス強度材料として、ますます期待が集まるものといえます。その一つに、金属ガラスの出現があります。まだ試作の段階ですが、直径5cmの丸棒や厚さ5mmの板材が作れるようになっていることから、アモルファス金属の強度を利用した用途が今後、拡がると予想されています。

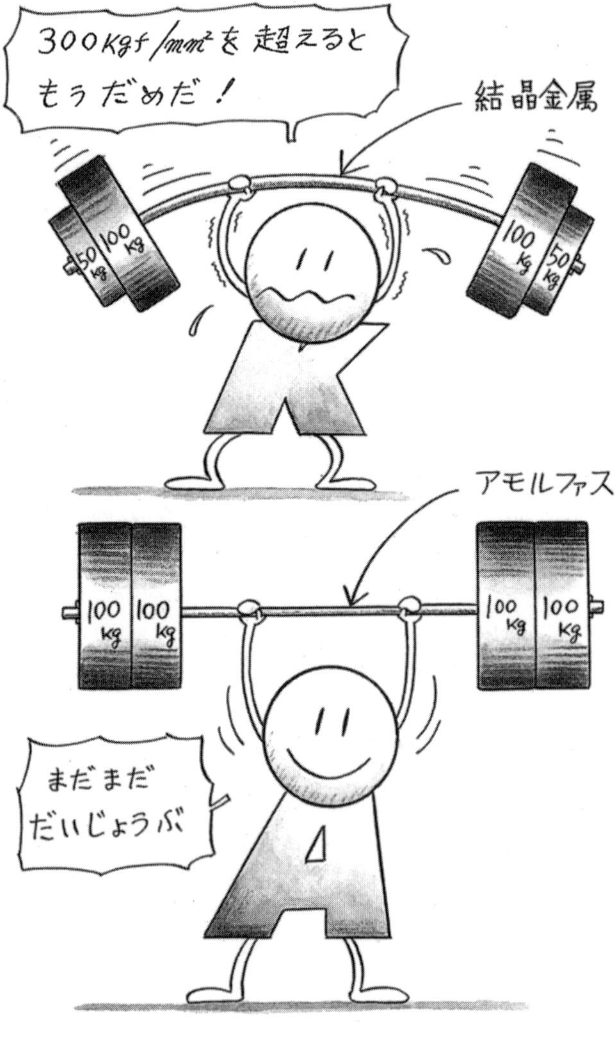
300kgf/mm²を超えると
もうだめだ！
結晶金属
50 kg
100 kg
100 kg
50 kg
アモルファス
100 kg
100 kg
100 kg
100 kg
まだまだ
だいじょうぶ

金属が水素を吸う

　金属の中には，チタン合金に代表される結晶の水素吸蔵合金のように水素を吸収・放出する性質を持っていますが，アモルファス合金でも，この吸収・放出が優れている合金（例えばFe-Zr，Ni-Zr）が見つかっており，水素貯蔵合金の一つとして研究されています。

　図のように結晶金属の場合は，水素が入り得る空間は原子の大きさからいって，ある程度の空間に限定されてしまいます。しかし，アモルファス金属は，構造的に結晶と比べて大きな空間，いわゆる穴を持っていますので，水素を吸いやすく，そして，放出しやすいのです。また，とくに特徴的なことは，水素を吸収しても材料が脆くなって微粉化しない点にあります。

結晶金属　　　　　**アモルファス金属**

○ 金属原子

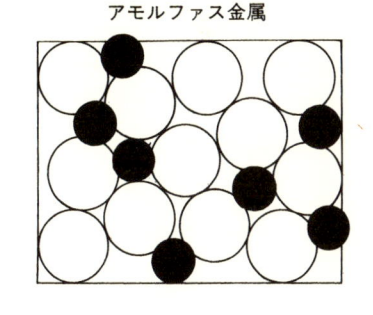

● 水素原子

水素は，エネルギーとして使う場合，環境対策上極めて有効と考えられます。現在，このクリーンで無尽蔵な水素は，石油などの化石燃料にかわって，非常に便利なエネルギー源として注目されています。

したがって，この水素を貯蔵するための合金として，アモルファス金属も一つの有望な材料といえます。

錆を忘れた金属

　アモルファス金属は，元素を均一に混ぜることができる性質（組成的特徴）と結晶金属とは大きく異なる原子配列（構造的特徴）とが相まって，数々の優れた特性を生み出しますが，代表的なアモルファス金属の特性として，磁気的性質，高強靱性と並び称されるのが，超耐食性です。

　ともかく耐食性が良い。このことは，応用の面で逆に困ることにもなります。というのは，経済的に見て余り寿命が長いと再生産できなくなるからです。また，アモルファス金属を使った部品が錆びずに丈夫でも，他の構成部品の寿命が短いと意味がなくなるからです。

　例えば，もし自動車のボディーをアモルファス金属の薄板でつくったとしますと，ボディーは錆びませんが，エンジンがダメになってしまうことになります。

　では，実際にどのような分野に使われているかと言いますと，一つは，現用の材料ですと頻繁に交換しなくてはならない場合に使われるケースです。例えば，製造機械の冷却水の浄化用フィルターは，現在使われているステンレス鋼ですと，数か月に一度の割合で交換しなくてはなりません。しかし，アモルファス金属のフィルターですと数年取り換えないですむような大きなメリットがあります。

　また，水とか油の浄化の場合，浄化フィルターが錆びてしま

Part 5　アモルファス金属の独壇場

うと，かえって水や油を汚してしまいます。例えば，ジェット機の操縦系統をつかさどる油圧装置。ここでは，常に高純度の油が要求されますが，アモルファス金属の浄化フィルターによって，常に高純度の油を循環させることができます。

　自動車のエンジンの寿命は，エンジン内部の摩耗によって左右されるといわれています。摩耗した鉄の破片などがエンジン内部を循環することによって，ピストンリングなどのエンジン内部が摩耗してしまいます。このため，エンジンオイルと呼ばれる潤滑油が使われていますが，このオイルを浄化するフィルタにもアモルファス金属が使われようとしています。これによって，オイルが劣化しない限り使えますし，エンジンの寿命も飛躍的に延びることになります。

　このように，現用の材料では，頻繁な交換を余儀なくされるような場合や高機能性の維持など，錆びては困るフィルタ材料を中心に実用化が図られています。

　今後の応用としては，化学装置用部品，生体材料，電極材などの応用分野に期待が寄せられています。

ガラスのような金属—金属ガラス

前にもお話ししましたように，アモルファス金属は溶かした金属を結晶に変化しないように急冷して作りますが，結晶にならない限界の冷却速度を臨界冷却速度と呼んでいます。この臨界冷却速度は，金属の組成によって大きく変わります。例えば，Pd，Ptなどの貴金属基合金ではおおよそ10～100℃/秒の速度で十分ですが，Fe，Co，Ni，Al，Tiなどの有用な合金の場合は1000～100000℃/秒という極めて大きな速度が必要になります。このためにどうしても大きなアモルファス金属をつくることができず，細線，薄板や粉末の小さな形で使われることになります。

一方，古くから窓や工芸品などとして使われているいわゆるガラス（シリコン酸化物；SiO_2）も典型的なアモルファス材料ですが，このガラスの臨界冷却速度は1～0.01/秒という非常に小さい速度で冷やしても結晶になりません。もし，金属でもガラスと同様な臨界冷却速度が得られれば，ガラスのように自由自在に加工できる金属が出現するかもしれません。

この夢を実現したのは筆者らが1998年に見つけたZr合金とLa合金でした。この合金を「金属ガラス」と命名したのはこのような理由からです。現在は，金属ガラスとしてMg，Tiなどの幾つかの合金でも見つかっていますが，さらに安定な金属ガラスを見つける努力が行われています。

この金属ガラスについての説明を少ししましょう。金属ガラスはもちろんアモルファス金属の一つで、アモルファス金属を加熱した際に、過冷液体になる温度であるガラス遷移温度（T_g）が現れるものをとくに区別して呼んでいるのです。これを図で説明しましょう。溶かした材料を急冷してアモルファス固体とした後、温度を上げると、より安定なものは結晶が生成するよりも先にT_gを超えて過冷液体になってしまいます。もし不安定なアモルファス固体ですとこのT_gよりも低い温度で結晶相に変化してしまうのです。すなわち、T_xがT_gより高い金属の場合を金属ガラスと呼んでいます。

金属ガラスは最近のホットな話題になっています。それはこれまでのアモルファス金属では得ることができなかった大きな

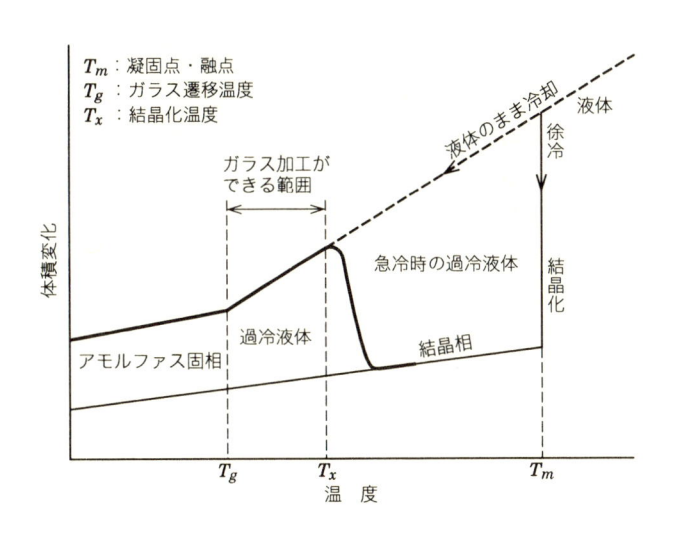

T_m：凝固点・融点
T_g：ガラス遷移温度
T_x：結晶化温度

形状の材料がつくれるからです。先にお話ししましたように，アモルファス金属はいろいろなユニークな性質をもっていますので，もし大型のアモルファス金属が簡単にできれば，その用途が大きく開けると考えられるからです。現在では，いろいろ工夫した結果，Pd, Zr基合金で直径7cm，長さ1mの棒材が金型鋳造によって作れることが報告されています。残念ながらまだ鉄やアルミのような有用な合金ではこのような大型材料は得られていませんが，その実現は決して夢ではないでしょう。

次に，金属ガラスの最大の特徴である過冷液体を利用したガラス加工の可能性について述べます。これは結晶金属にはない独特の面白い性質です。

皆さんは，石英ガラスが赤熱状態でアメ状になり，いろいろな形に加工されているところを見たことがあると思います。これは高温で固体から液体状態になり，粘度の高いアメ状態になったためです。このことからも予想できるように，金属ガラスでも同じ現象が現れるはずです。この現象を確かめるためにバルーン実験をしてみました。写真のように，常温で硬いアモルファス金属板を，約350℃に加熱して，その下から吹くと風船のように膨らむことがわかりました。すなわち，金属ガラスでも，過冷液体を利用して低温で容易に加工ができることを示しています。例えば，低温での鍛造，圧延，押出しなどによる板，棒，異形材の製造やアモルファス表面の特徴である金属光沢を利用した超精密部品の製造が可能になることになります。

今後この金属ガラスが広く利用されるようになるには，一層安定で安価な合金が見つかり，適切な生産方法が確立されるこ

ガラスのような金属—金属ガラス 107

とが重要でしょう。

CDがこれから面白くなる

　アモルファス金属の主要な材料の一つに薄膜材料がありますが，この大きな用途に光磁気記録材料があげられます。これにはアモルファスの鉄・コバルト・テレビウム系の材料が使われ，記録と消去の両方ができるディスク材料として，実用化されています。

　皆さんもよくご存じなカラオケやオーディオなどに使われているCD（コンパクトディスク）の大部分は，光メモリーと呼ばれ，一度，記録（録音）してしまうと再生しかできません。いわゆる保存用のメモリーで書き換えができないのです。

　この光ディスクは，従来のテープによる記録より記録密度が高く，格段に画質や音質が優れていることで需要が急増していますが，これが記録，再生，消去の繰り返しが可能になると，ますます注目されることになります。このことを可能にしたのが，このアモルファス金属の薄膜材料なのです。

　原理は，図に示すように，薄膜の磁区の変化により光の反射を変えることで，それを音に変換するのですが，これはアモルファス金属の磁気的性質と光反射性とによって行われるのです。

　現在のところ，このアモルファス金属の薄膜材料に対抗する材料がありませんので，世界各国で開発競争が行われています。もちろん，このCDはコンピュータなどのメモリーディスクとしても使用されるようになるでしょう。

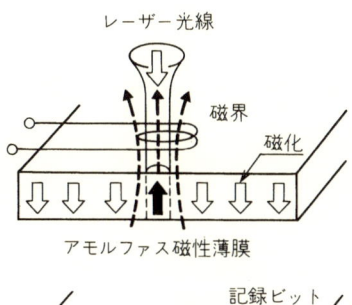

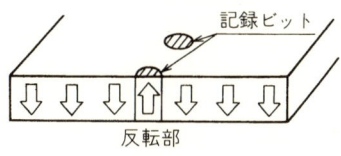

レーザー光線
磁界
磁化
アモルファス磁性薄膜

記録ビット
反転部

注目されるエネルギーシステム

　太陽電池は，将来性のある最もクリーンなエネルギー源として注目されています。しかも，常温で超伝導が現れるような酸化物超伝導体が実現すると，これらの組合せで電力の貯蔵も可能になります。したがって，21世紀のエネルギー源として，大変有望なエネルギーシステムなることでしょう。

〔共同通信社提供〕

　この太陽電池には現在のところ，少電力で作動する卓上計算器，時計などの電子機器の電源として，もっぱらアモルファスシリコンが使われています。一方，電力用としては光を電気に変える効率が余り高くなく，高価なために，まだ広く普及していません。アモルファスシリコンの現在の変換効率は最高で

10%程度ですが、もし15%を超えることになると電力用の電源としても広く使われることが予想されます。

このアモルファスシリコンは、大面積の太陽電池をつくれるメリットがあります。従来のシリコン単結晶では、大面積にするとコスト高になってしまいますが、先ほどお話しした蒸着法によって、どんな物質の表面にも非常に薄くて広い面積にわたってコーティングすることができます。そこで、家屋の屋根にこのアモルファス太陽電池をつけることによって、家庭の電力がまかなえるようになるのも夢ではなくなります。

現在、国家的なプロジェクトとして各国で盛んに利用拡大が図られていますが、残念なことに変換効率がまだ高くないことと、電力の貯蔵ができないために、まだ十分に拡がっていません。しかし、将来のクリーンエネルギーシステムとして、これらが克服される日も近いでしょう。

限りない応用分野

これまで述べてきたように、アモルファス材料は無限の応用範囲があります。それは、従来の結晶材料ではなかなか実現しない優れた特性を秘めた材料だからです。図に示したように、現在知られている応用分野だけでも数多くあります。まさしく、アモルファス材料は打出の小槌のようなものです。表は、少し詳しく現在の用途をまとめたものですが、アモルファス金属の

アモルファス材料の用途

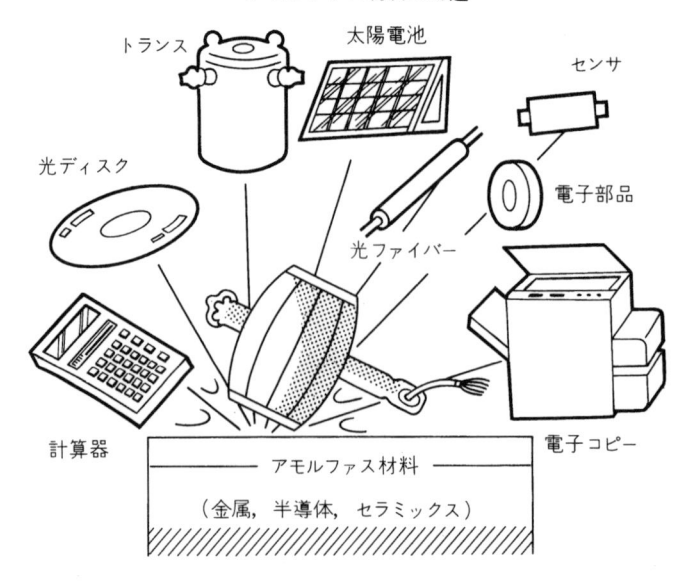

トランス　太陽電池　センサ　光ディスク　光ファイバー　電子部品　計算器　電子コピー

アモルファス材料
（金属，半導体，セラミックス）

特　　性	応用分野
強靱性	ワイヤ，釣糸，精密ばね，コントロールケーブル，各種補強材（釣ざお，ゴルフシャフト，テニスラケットなど）ひげそり刃，フィルタエレメント，トートバンドなど
耐食性	油浄化フィルタ，耐食コーティング材，医療用部品，電極材など
軟磁性	磁気シールド，磁気ヘッド，マイクロホン磁心，カートリッジ磁心，過飽和コア，スパイクキラー，制御用コイル，磁気フィルタ，柱上トランス鉄心，チョークコイル，電磁波シールド材，小型トランス磁心，電流センサ，電波用センサ，位置検出センサ，変位センサ，漏電警報センサ，加速度センサ，角度センサなど
硬磁性	コンポジット希土類磁石，スプリング磁石など
バルクハウゼン効果	回転数計測センサ，盗難防止センサ，磁気コンパス，パルス発生素子など
磁わい	デジタイザ，振動素子，遅延線，距離センサ，応力センサ，圧力センサ，歪センサ，気圧計，霜センサなど
インバー・エリンバー	精密機器用ばね，スプリング，懸垂線など
超伝導性	液体ヘリウム液面計，低温温度センサ，磁場センサなど
化学反応性	ガス検出センサ，抗菌コーティング材，燃料電池用触媒電極など
その他	接合ろう材，意匠塗料用顔料，充填材など

いろいろな特性を利用した応用製品の例を示してあります。これまでお話ししましたように，アモルファス金属の実用化は，まだ始まって間もないことから，今後もさらに多くの応用製品が出現するのは間違いないと言えます。

技術の進歩がもたらす可能性

19世紀に発明されたポリマーのような有機材料，ゲルマニウム，シリコンをはじめとする半導体材料，マンガン酸化物のようなフェライト磁性材料は，現在の産業の基本的な素材になっています。一つのユニークな材料の出現は，産業の基盤を変えてしまうという典型的な例です。アモルファス金属も，このような意味で21世紀の産業を育てる一つの新素材と言えます。

これまでお話しをしてきたように，アモルファス金属は，従来主流を占めてきた結晶材料では実現できない特性をもつことが，次第に明らかにされつつあります。特に省エネルギー，超小型化，高感度センサ，高性能メモリーなどの面でアモルファス金属の技術は極めて有望になるでしょう。

ただ，アモルファス金属にもいくつかの短所があります。例えば，アモルファス構造が熱に対して不安定であり，結晶に変ってしまい，特性が失われてしまうことです。また，学問上にも技術上でもまだまだわからない問題が沢山あります。とはいえ，今後も，これらの問題を一つずつ解決していかなければ，本当の意味での実用材料とはならないのです。ですから，読者の中から一人でも多くの方々に，アモルファス材料に興味を持ってもらわねばなりません。技術の進歩は人々の生活を豊かにするのですから。

索　引

[あ]

アモルファス　11
アモルファス材料の用途　112
アモルファス磁性合金　64
アモルファスシリコン　48, 110
アモルファスの構造　12
アモルファスのつくり方　29

[い]

イオン注入　30

[え]

液体　29
液体急冷法　30
遠心急冷法　35

[か]

外殻電子　77
回転数計測センサ　92
回転液中紡糸法　38
化学的めっき法　46
ガスアトマイズ法　40
渦電流損失　88
ガラス　11
ガラス遷移温度　105
ガラス被覆紡糸法　38
過冷液体　17, 19, 105, 106
完全な結晶　55

[き]

気体　29
キャビテーション法　41
急冷　17
強度　23, 56
強度材料　96
金属ガラス　19, 51, 104
金属間化合物　33
金属の変形　55
金属粉末製造法　40

[く]

クロスインダクタンス素子　92

[け]

けい素鋼板　87
結晶　11

結晶化　19
結晶欠陥　55
結晶粒界　60
　　　　［こ］
合金組成　32
高周波特性　81
高靭性材料　59
構造的特徴　71
高速スパッタ　45
小型タブレット　93
固相反応法　33
固体　29
ゴルフシャフト　97
コンパクトディスク　108
　　　　［さ］
酸化膜　61
　　　　［し］
CD（コンパクトディスク）
　　　　　　　　　108
磁気シールド材　41, 94
磁気ヒステリシス損　88
磁気損失　88
磁気的特性　24
磁気ヘッド　81
磁気ヘッド材料　66

磁性材料　81
磁束密度　84
周期表　33
衝撃圧着法　42
浄化フィルター　101
照射　30
蒸着法　14
真空蒸着法　30, 44
靭性　59
　　　　［す］
水素吸収法　33,
水素貯蔵合金　99
スイッチング電源　90
ステンレス鋼　61
スパッタ法　30, 45
　　　　［せ］
積層鉄心　85
セメンタイト　74
遷移金属-非金属系　32
遷移金属-遷移金属系　32
センダスト　66, 82
　　　　［そ］
双ロール法　36
組成的特徴　72

[た]

耐久性　24
耐食性　60, 101
大バルクハウゼン効果　92
太陽電池　110
単ロール法　36

　　　　　[ち]

超耐食性　61
チョークコイル　92

　　　　　[つ]

釣り竿　97

　　　　　[て]

鉄　74, 76
鉄心　85
鉄損　65, 87
鉄ひげ結晶　59
テニスラケット　97
転位　55
電気抵抗　66
典型金属-典型金属系　32
電子の働き　77
電磁波シールド材　94
電力用柱上トランス　85

　　　　　[と]

透磁性　65
透磁率　24, 66
盗難防止用センサ素子　94
トランス　85

　　　　　[な]

軟磁性　64

　　　　　[の]

ノイズフィルター　92

　　　　　[は]

パーマロイ　66, 82
鋼　74
薄帯　37
薄膜材料　44

　　　　　[ひ]

ピアノ線　58
光磁気記録材料　108
光ディスク　108
光メモリー　108
非晶質　11
ピストン・アンビル法　35
ビッカース硬さ試験　96
引張り試験　20

[ふ]

フェリ磁性体 64
フェロ磁性体 64
不働態被膜 60
粉末 40
粉末の成形 41

[へ]

変圧器 85
変形機構 56

[ほ]

方向性けい素鋼板 66
ポール・デュエイ 14
保磁力 65
ポリマー 11

[ま]

巻き鉄心 85
マテウシ効果 92
摩耗抵抗 82
マルエージ鋼 59
マルテンサイト 76

[み]

水アトマイズ法 40

[り]

臨界冷却速度 104

[れ]

冷却速度 17, 36

[わ]

ワイヤ 38

増本　健
ますもと　つよし

(財) 電気磁気材料研究所長・工学博士

1955年　東北大学工学部卒業
1960年　東北大学大学院工学研究科博士課程修了
1971年　東北大学金属材料研究所教授
1987年　同所附属新素材開発施設長
1989年　同所長
1996年　東北大学名誉教授

主な著書：アモルファス金属の基礎（編著），オーム社
　　　　　金属なんでも小事典（監修），講談社
　　　　　その他多数の著作論文あり

イラスト／小川　集
　　　　　おがわ　あつむ
　イラストレーター，宇都宮アート＆スポーツ専門学校漫画コース講師
　1952年　長崎県に生まれる。
　1975年川崎のぼるプロダクションでアシスタント，1981年独立，ゴルフ・つり漫画，歴史コミック，単行本・広告用イラスト，カット等を手掛ける。

アモルファス金属のおはなし 改訂版　　定価：本体1,100円（税別）

1988年3月18日　第1版第1刷発行
2003年1月31日　改訂版第1刷発行

著　者　増　本　　　健
発行者　坂　倉　省　吾
発行所　　財団法人　日本規格協会

〒107-8440　東京都港区赤坂4丁目1-24
電話（編集）（03）3583-8007
振替　00160-2-195146
http://www.jsa.or.jp/

権利者との
協定により
検印省略

印刷所　　株式会社　ディグ

© Tuyoshi Masumoto, 2003　　　　　　　　　Printed in Japan
ISBN4-542-90262-5

当会発行図書，海外規格のお求めは，下記をご利用ください。
普及事業部カスタマーサービス課：（03）3583-8002
書店販売：（03）3583-8041　　注文FAX：（03）3583-0462